高等职业教育机电类专业系列教材

# S7-1200 PLC 电气控制技术

主编 马 玲
参编 赵先堃 周 旭 卢 帆
主审 王振华

机械工业出版社

S7-1200 PLC 是西门子公司面向离散自动化系统、智能自动化生产线推出的一款主流控制器。本书以 S7-1200 PLC 为技术主线，详细介绍了 S7-1200 PLC 硬件系统的特点、指令系统功能、TIA 博途软件操作、设备组态设置以及程序设计的方法，同时通过 PLC 应用设计案例对基本控制、运动控制、PID 控制以及通信技术等 PLC 应用技术进行深入的讲解。

　　本书以提升 PLC 综合应用能力为目的，旨在为读者提供有价值的参考和指导。

　　本书可作为高等职业院校电气自动化技术、机电一体化技术、工业机器人技术和智能控制技术等机电类专业的教材，也可供工程技术人员参考阅读。

　　本书配有教学视频，读者可扫描书中二维码观看。本书配有电子课件，凡使用本书作为教材的教师可登录机械工业出版社教育服务网 www.cmpedu.com 注册后下载。咨询电话：010-88379375。

**图书在版编目（CIP）数据**

S7-1200 PLC 电气控制技术/马玲主编. —北京：机械工业出版社，2021.10（2025.1 重印）

高等职业教育机电类专业系列教材

ISBN 978-7-111-69054-2

Ⅰ.①S… Ⅱ.①马… Ⅲ.①PLC 技术-高等职业教育-教材②电气控制-高等职业教育-教材 Ⅳ.①TM571.2②TM571.6

中国版本图书馆 CIP 数据核字（2021）第 181646 号

机械工业出版社（北京市百万庄大街 22 号 邮政编码 100037）

策划编辑：薛 礼 责任编辑：薛 礼

责任校对：陈 越 封面设计：鞠 杨

责任印制：张 博

北京建宏印刷有限公司印刷

2025 年 1 月第 1 版第 4 次印刷

184mm×260mm · 13.75 印张 · 339 千字

标准书号：ISBN 978-7-111-69054-2

定价：45.00 元

电话服务 网络服务

客服电话：010-88361066 机 工 官 网：www.cmpbook.com
　　　　　010-88379833 机 工 官 博：weibo.com/cmp1952
　　　　　010-68326294 金 书 网：www.golden-book.com
**封底无防伪标均为盗版** 机工教育服务网：www.cmpedu.com

# 前言 PREFACE

党的二十大报告指出：建设现代化产业体系。坚持把发展经济的着力点放在实体经济上，推进新型工业化，加快建设制造强国、质量强国、航天强国、交通强国、网络强国、数字中国。推动制造业高端化、智能化、绿色化发展。在我国实施制造强国战略规划下，随着智能制造技术的迅猛发展，可编程逻辑控制器（PLC）成为现代电气控制系统广泛应用的控制设备，掌握 PLC 的实践应用技能是电气控制类专业技术人员必备的技能之一。

S7-1200 PLC 是西门子公司面向离散自动化系统、智能自动化生产线推出的一款主流控制器。本书以 S7-1200 PLC 为技术主线，详细介绍了 S7-1200 PLC 硬件系统的特点、指令系统功能、TIA 博途软件操作、设备组态设置以及程序设计的方法，同时通过 PLC 应用设计案例对基本控制、运动控制、PID 控制以及通信技术等 PLC 应用技术进行深入的讲解，以 PLC 技术应用能力培养为目标，旨在为读者在实际应用中提供有价值的参考和指导。

本书内容的安排遵循从基础知识、实践能力到 PLC 综合应用能力提升的编写思路。第一章介绍常用低压电器的结构原理、功能及应用特点。第二章介绍电气控制电路设计基础知识，电气系统图识读、绘制，电动机控制电路、机床控制电路的设计原理。第三章介绍 S7-1200 PLC 硬件系统的特点、PLC 指令系统功能、TIA 博途软件操作、硬件组态和编程设计等内容。第四章通过 S7-1200 PLC 实际应用案例，详细介绍 PLC 程序设计方法及步骤。第五章介绍 S7-1200 PLC 运动控制技术的特点以及应用方法。第六章介绍 PLC 过程控制的功能。第七章介绍 S7-1200 PLC 通信技术及其实现方法。

本书第一章、第二章、第四章、第六章以及第三章第一、二、四、五、六节，第五章第五节，第七章第六、七节由西安铁路职业技术学院马玲编写，第三章第三节由西安铁路职业技术学院卢帆编写，第五章第一~四节由西安铁路职业技术学院赵先塑编写，第七章第一~五节由广西电力职业技术学院周旭编写；西安铁路职业技术学院王丹、杨菲参与了本书视频教学资源的录制。本书承蒙江苏汇博机器人技术股份有限公司总裁王振华教授细心审阅并斧正，在此表示衷心的感谢！

由于编写水平有限，书中难免有错漏之处，恳请读者批评指正。

编　者

# 二维码索引

（续）

| 名称 | 图形 | 页码 | 名称 | 图形 | 页码 |
|------|------|------|------|------|------|
| 硬件组态 | | 92 | 多段速控制 | | 147 |
| PLC 系统设计的基本方法与步骤 | | 100 | 步进电机控制 | | 150 |
| 开关量 IO 电气接线 | | 107 | 伺服驱动工作原理 | | 154 |
| 模拟量 IO 电气接线 | | 109 | 编码器的工作原理 | | 156 |
| 三相异步电动机 PLC 控制 | | 112 | 运动控制指令 | | 167 |
| PLC 电气控制应用案例（1） | | 115 | PID 指令功能 | | 177 |
| PLC 电气控制应用案例（2） | | 117 | PID 组态 | | 182 |
| PLC 电气控制应用案例（3） | | 118 | PID 温度控制 | | 184 |
| 功能表图及顺控指令 | | 126 | PLC 通信技术 | | 192 |
| 顺序控制设计 | | 131 | PLC 运行维护工作流程 | | 208 |

# 目录 CONTENTS

# 第一章 常用低压电器
## CHAPTER 1

**知识目标**：掌握常用低压电器的作用、分类、结构原理以及低压电器的性能指标。

**能力目标**：根据电气控制系统的实际要求，能正确选择和使用低压电器。

随着科技的进步及国民经济的发展，自动控制技术已广泛应用于工业自动化生产、交通运输、军事和航空航天等各个领域。在自动化控制系统中运用大量的低压电器，可以实现电气设备的控制及保护、数据检测、电路切换、运行参数调节等功能。

在 PLC（可编程逻辑控制器）电气控制系统中，低压电器设备的主要作用是对 PLC 外部信息进行采集、数据处理、输出执行以及驱动控制等，正确选择和使用低压电器是 PLC 电气控制系统应用的基础，本章主要介绍常用低压电器的作用、结构原理、应用特点及使用方法等内容。

# 第一节 低压电器基础知识

**学习目标**：掌握低压电器的用途、分类和电器性能指标的含义，能识别电器的基本类型；能依据实际电气控制的应用设计要求正确选择电器。

电器设备根据工作电路的电压等级不同，分为高压电器和低压电器。低压电器通常是指用于交流 50Hz（或 60Hz）、额定电压为 1000V 及以下，直流额定电压为 1500V 及以下的电路中起通断、保护、控制或调节作用的电器。

低压电器的
作用及类型

## 一、低压电器的用途

低压电器的用途广泛、功能繁多，在实际应用中，低压电器的作用主要有以下几个方面：

1）保护作用：对电气设备、线路、人身实现自动保护功能，如过热保护、欠电压保护、短路保护及漏电保护等。

2）控制作用：对控制对象运行状态进行控制，如电动机起停控制、行程控制等。

3）执行作用：依据控制电路发出的信号，完成某种动作的执行功能，如电磁阀控制其内部管道的通断。

4）调节作用：调节电气设备运行参数，以满足系统运行控制的要求，如温度调节、照度调节和电压调节等。

5）测量作用：测量电气参数或非电气参数的功能，如测量电流、电压、温度和压力等。

6）指示作用：对电气设备正常运行、不正常运行或故障等状况发出相应的指示信号，如绝缘监测、保护掉牌指示等。

## 二、低压电器的分类

低压电器种类繁多，其结构原理、工作特性及应用功能等差异很大，分类如下。

（1）按应用场合分类

1）控制电器：对控制对象运行状态进行切换的控制电器，如接触器、继电器等。

2）配电电器：对电能进行输送和分配的电器，如刀开关、低压断路器等。

3）主令电器：发送控制指令的电器，如按钮、行程开关等。

4）保护电器：保护电气设备、电气线路的电器，如熔断器、热继电器和漏电保护器等。

5）执行电器：完成某种动作或操作功能的电器，如电磁阀、电磁离合器等。

（2）按电器的操作方式分类

1）手动电器：依靠人力、机械外力完成操作的电器，如刀开关、按钮和行程开关等。

2）自动电器：通过电器自身参数的变化或外接信号的作用，自动完成接通、断开电路的电器，如接触器、继电器和电磁阀等。

（3）按工作原理分类

1）电磁式电器：依据电磁感应原理工作的电器，如交（直）流接触器、电磁式继电器等。

2）电子式电器：电器内部由电子电路构成，如接近开关、电子式时间继电器等。

3）非电气量控制电器：依靠外力作用或非电气量的变化而动作的电器，如按钮、刀开关、热继电器和压力继电器等。

（4）按触点类型分类

1）有触点电器：电器内部有可见、可分离的静触点、动触点，利用静、动触点的接触、分离实现电器开关的接通、断开功能，如接触器、低压断路器等。

2）无触点电器：利用半导体元器件的开关特性实现电器的接通、断开功能，其触点不可见，如接近开关、固态继电器等。

（5）按防护类型分类　低压电器工作在不同类型的场合，在工业自动化控制环境中，电器的工作环境相对比较恶劣，为保障电器的正常工作，对电器防护等级的要求较高，电器的防护分为以下两类：

1）第一类防护：防止固体异物进入电器内部，防止人体触及内部带电或运动部分的防护。

2）第二类防护：防止水进入电器内部造成危害的防护。

电器防护等级的标志由字母"IP"及两位特征数字组成。第一位数字表示第一类防护的等级，第二位数字表示第二类防护的等级。若只需要单独标注某一类防护形式的等级时，则被略去数字的位置应以字母"X"补充，如 IP5X 表示第一类防护等级为 5 级，IPX3 表示第二类防护等级为 3 级，IP65 则表示电器的第一类防护等级为 6 级，第二类防护等级为 5 级。

第一位与第二位特征数字表示的防护等级说明分别见表 1-1、表 1-2。在实际应用中，应根据电器的安装环境进行防护级别的选择。

表 1-1　第一位特征数字表示的防止固体进入的防护等级说明

| 第一位特征数字 | 防护等级 | |
| --- | --- | --- |
| | 简要说明 | 含义 |
| 0 | 无防护 | 无专门防护 |
| 1 | 防止直径不小于 50mm 的固体异物 | 直径大于 50mm 的球形物体试具不得完全进入壳内 |
| 2 | 防止直径不小于 12.5mm 的固体异物 | 直径大于 12.5mm 的球形物体试具不得完全进入壳内 |
| 3 | 防止直径不小于 2.5mm 的固体异物 | 直径大于 2.5mm 的物体试具不得完全进入壳内 |
| 4 | 防止直径不小于 1.0mm 的固体异物 | 直径大于 1.0mm 的物体试具不得完全进入壳内 |
| 5 | 防尘 | 不能完全防止尘埃进入，但进入的灰尘量不得影响设备的正常运行，不得影响安全 |
| 6 | 尘密 | 无灰尘进入 |

表 1-2　第二位特征数字表示的防止水进入的防护等级说明

| 第二位特征数字 | 防护等级 | |
| --- | --- | --- |
| | 简要说明 | 含义 |
| 0 | 无防护 | 无专门防护 |
| 1 | 防止垂直方向滴水 | 垂直方向滴水无有害影响 |
| 2 | 防止当外壳在 15° 倾斜时垂直方向滴水 | 当外壳的垂直面在 15° 倾斜时，垂直滴水无有害影响 |
| 3 | 防淋水 | 当外壳的垂直面在 60° 范围内的淋水，无有害影响 |
| 4 | 防溅水 | 向外壳各方向溅水无有害影响 |
| 5 | 防喷水 | 向外壳各方向喷水无有害影响 |
| 6 | 防强烈喷水 | 向外壳各个方向强烈喷水无有害影响 |
| 7 | 防短时间浸水影响 | 浸入规定压力的水中经规定时间后，外壳进水量不会达到有害程度 |
| 8 | 防持续浸水影响 | 按生产厂家和用户双方同意的条件持续潜水后，外壳进水量应不会达到有害程度 |
| 9 | 防高温/高压喷水的影响 | 向外壳各方向喷射高温/高压水无有害影响 |

## 三、低压电器的型号与含义

低压电器主要有 12 大类，包括刀开关和转换开关、熔断器、断路器、控制器、接触器、起动器、控制继电器、主令电器、电阻器、变阻器、调整器、电磁铁。为了低压电器的生产销售、管理和使用方便，对各种低压电器编制了统一的型号说明，低压电器型号含义说明如图 1-1 所示，其中各部分代号必须使用规定的符号或数字表示。

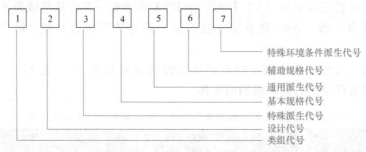

图 1-1　低压电器的型号含义

1）类组代号：表示低压电器元件所属的类别、组别，类组代号由类别代号、组别代号组成（表 1-3），如 HD 表示刀开关，LA 表示按钮。

表 1-3　低压电器型号类组代号

| 代号 | 名称 | A | B | C | D | G | H | J | K | L | M | P | Q | R | S | T | U | W | X | Y | Z |
|---|---|---|---|---|---|---|---|---|---|---|---|---|---|---|---|---|---|---|---|---|---|
| H | 刀开关和转换开关 | | | | 刀开关 | | 封闭式负荷开关 | | 开启式负荷开关 | | | | | 熔断器式刀开关 | 刀形转换开关 | | | 其他 | | | 组合开关 |
| R | 熔断器 | | | 插入式 | | | 汇流排式 | | | 螺旋式 | 封闭管式 | | | | 快速 | 有填料管式 | | | 限流 | 其他 | |
| D | 断路器 | | | | | | | | 灭磁 | | | | | | 快速 | | 框架式 | | 限流 | 其他 | 塑料外壳式 |
| K | 控制器 | | | | 鼓形 | | | | | | 平面 | | 凸轮 | | | | | | | 其他 | |
| C | 接触器 | | | | 高压 | 交流 | | | | | 中频 | | | | 时间 | 通用 | | | | 其他 | 直流 |
| Q | 起动器 | | 按钮式 | 磁力 | | 减压 | | | | | | | | 手动 | | | 油浸 | 星三角 | 其他 | | 综合 |
| J | 控制继电器 | | | | | | | | | 电流 | | 热 | | | 时间 | 通用 | 温度 | | | 其他 | 中间 |
| L | 主令电器 | | 按钮 | | | | 接近开关 | 主令控制器 | | | | | | 主令开关 | 足踏开关 | 旋钮 | 万能转换开关 | 行程开关 | 其他 | | |
| Z | 电阻器 | | | 板形元件 | 冲片元件 | 铁铬铝带型元件 | 管形元件 | | | | | | | | 烧结元件 | 铸铁元件 | | | 电阻器 | 其他 | |

（续）

| 代号 | 名称 | A | B | C | D | G | H | J | K | L | M | P | Q | R | S | T | U | W | X | Y | Z |
|---|---|---|---|---|---|---|---|---|---|---|---|---|---|---|---|---|---|---|---|---|---|
| B | 变阻器 | | | 旋臂式 | | | | | | 励磁 | 频敏 | 起动 | | 石墨 | 起动调速 | 油浸起动 | 液体起动 | 滑线式 | 其他 | | |
| T | 调整器 | | | | 电压 | | | | | | | | | | | | | | | | |
| M | 电磁铁 | | | | | | | | | | | 牵引 | | | | | 起重 | | | 液压 | 制动 |
| A | 其他 | 触电保护器 | 插销 | 灯 | | | 接线盒 | | | 电铃 | | | | | | | | | | | |

2）设计代号：表示同类低压电器元件的不同设计序列，与类组代号合称为电器的系列号，如 HZ10、JR16，同一系列的电器元件的用途、工作原理和结构基本相同。

3）特殊派生代号：表示电器系列在特殊情况下变化的特征。

4）基本规格代号：表示在同一系列产品中有不同的规格设计，便于用户进行选择。

5）通用派生代号：表示电器系列在结构设计上有变化或其他特征，如防溅、插入式等，其含义见表1-4，如 C 表示插入式，K 表示开启式；

6）辅助规格代号：表示同一系列、同一规格产品中有某种区别的不同产品。

7）特殊环境条件派生代号：表示电器适用的特殊地区或者特殊环境，其含义见表1-5。

表1-4 低压电器型号通用派生代号

| 派生字母 | 代表意义 |
|---|---|
| C | 插入式 |
| J | 交流、防溅式 |
| Z | 直流、自动复位、防震、重任务、正向 |
| W | 无灭弧装置,无极性 |
| N | 可逆、逆向 |
| S | 有锁住机构、手动复位、防水式、三相、三个电源、双线圈 |
| P | 电磁复位、防滴式、单相、两个电源、电压式 |
| H | 保护式、带缓冲装置 |
| K | 开启式 |
| M | 密封式、灭磁、母线式 |
| Q | 防尘式、手车式 |
| L | 电流式 |
| F | 高返回、带分励脱扣 |

表1-5 低压电器型号特殊环境条件派生代号

| 派生字母 | 代表意义 | 派生字母 | 代表意义 |
|---|---|---|---|
| T | 按湿热带临时措施制造 | G | 高原 |
| TH | 湿热带 | H | 船用 |
| TA | 干热带 | Y | 化工防腐用 |

## 四、低压电器的主要技术指标

### 1. 耐潮湿性能

耐潮湿性能是指电器正常可靠工作所能耐受环境潮湿程度的条件。低压电器的绝缘性能往往会受到环境湿度的影响，当电器安装环境湿度较大时，由于气温的变化及电器表面的吸附作用，水汽加快渗入电器，造成电器绝缘强度的下降、金属材料氧化、触头腐蚀，严重影响电器的使用性能。

对电器的耐湿热考核度划分为 YK1～YK5 五个等级，其中 YK1、YK2 为家用及类似环境下使用的电器，出厂前需做恒定湿热试验 Ca，而 YK3～YK5 为工业电器等级，电器还需做交变湿热试验 Db。

### 2. 极限允许温升

电器的导电部件通过电流时，将引起电器的发热和温升，极限允许温升是指为防止导电部件过度氧化和烧熔，规定的最高温升值（温升值=测得实际温度−环境温度）。

低压电器的绝缘材料是由不同材质制成的，绝缘材料分为 A、E、B、F、H 五个等级，如果温升过高会影响电器正常工作、降低绝缘水平及使用寿命，因此依据低压电器绝缘材料、电器的工作制等，规定了电器的允许温升值，不同绝缘材料等级电器允许温升值见表1-6。

表1-6　不同绝缘材料等级电器允许温升值

| 绝缘材料等级 | 电阻法测得的允许温升值/℃ | |
| --- | --- | --- |
| | 长期工作制 | 反复短期工作制、间断长期工作制 |
| A | 50 | 80 |
| E | 75 | 90 |
| B | 85 | 105 |
| F | 110 | 130 |
| H | 135 | 155 |

### 3. 使用寿命

电器的使用寿命包括机械寿命和电寿命两项指标。机械寿命是指电器在不需修理或更换零件的条件下，能承受无负载操作的次数，机械寿命主要决定于电器机械结构的牢固程度以及零部件的机械强度；电寿命是指在规定的电气工作条件下，电器不需修理或更换零件而能承受带负载操作的次数，电寿命主要决定于电器触头的耐磨性。

一般带有触头的电器，通常在电路通断过程中会产生电弧，触头除了有机械磨损外，还遭受电弧所产生的电磨损，电磨损较之机械磨损的程度更为严重，对电器的损坏也更严重，因此电器的电寿命比机械寿命要短，即电器的寿命取决于电寿命。

### 4. 操作频率

操作频率是指电器元件在单位时间（1h）内允许操作的最高次数，操作频率的等级规定为：1 级为 30 次/h，2 级为 120 次/h，3 级为 300 次/h，4 级为 600 次/h，5 级为 1200 次/h，6 级为 3000 次/h 六个等级。电器实际使用中，应注意操作频率等级的具体要求。

工作频率是指单位时间内允许操作的次数。实际应用中应根据电器实际操作频率选择与其工作频率相符的电器，低频电器若进行高频操作容易造成设备损坏，甚至发生事故。

5. 绝缘强度

绝缘强度指电器元件的触头处于分断状态时，静、动触头之间能耐受的电压值。绝缘电阻以及耐压试验的结果是评价电器绝缘质量的两个基本标准。

电器的绝缘电阻与许多因素有关，电器的工作温度升高，绝缘材料的绝缘电阻会下降；当绝缘材料受潮，表面吸附水分或被污染时，绝缘电阻也会下降。为了确保电器的使用安全，对绝缘电阻的阻值有一定的要求，一般电器的绝缘电阻应大于 $1.5M\Omega$。

低压电器的耐压试验分为工频耐压试验和冲击耐压试验，试验分别可以测试电器在正常工频电压的耐压能力和高频冲击电压的耐压能力，从而检验电器的绝缘强度。

## 五、低压电器的应用

1. 低压电器正常的工作条件

1）使用场所的海拔不超过 2000m。因为电气设备的绝缘耐压水平是随海拔的升高而降低的，超过 2000m 时，应选用符合特殊场所要求的电器产品。

2）安装环境空气温度：电器使用环境空气最高温度为 40℃，最低温度一般不低于 −5℃。

3）环境空气相对湿度：全年湿月的月平均最大相对湿度不超过 90%。

4）安装条件

① 对安装方位有规定或动作性能受重力影响的电器，其安装倾斜度不大于 5°。

② 应安装于无显著摇动和冲击振动的场所。

③ 在无爆炸危险的介质中，且周围环境中无腐蚀性金属和破坏绝缘的气体与尘埃。

④ 在没有雨雪侵袭的场所。

2. 低压电器的工作制

1）八小时工作制：在此工作制下，电器通过一个稳定电流，其通电时间足以达到热平衡。

2）长期工作制：又称不间断工作制，电器通过稳定电流工作的时间超过 8h。

3）短期工作制：电器通电与断电的状态互相交替，通电时间比断电时间短的工作制。通电时间不足以使电器达到热平衡，通电间隔的时间足以使电器温度恢复到环境温度。

4）反复短时工作制：又称断续周期工作制，是指电器通电时间与断电时间循环交替，并且有一定的时间比。

3. 低压电器选择的基本原则

（1）安全原则　安全原则是对电器应用的基本要求，是电器正常运行的重要保障，要求低压电器在正常使用过程中不致损坏、烧损、对环境无危害，不会造成人员伤害，确保设备与人身的安全。

（2）经济原则　经济原则考虑包括电器本身的经济价值和使用电器产生的价值，前者要求电器选择要合理、适用；后者考虑电器在运行中必须可靠，不致因设备损坏、危及人身安全等造成经济损失。

（3）其他原则　根据上述两个基本原则，低压电器在选用时还应遵循以下原则：

1）正确对电器控制对象进行分类，确定现场使用环境。

2）确认相关技术数据及要求，如控制对象的额定电压、额定电流、额定功率、电动机起动电流的倍数、负载性质、操作频率以及电器设备的工作制等。

3）选择电器应符合下列要求：

① 电器的额定电压应与工作电路额定电压相一致。

② 电器的额定电流应不小于工作电路的计算电流。

③ 电器的额定频率应与所在电路电源频率相一致。

④ 电器应满足短路条件下的动稳定与热稳定的要求。

⑤ 开关电器在短路条件下的断流能力满足要求。

4）确定电器的正常工作条件如环境空气温度、相对湿度、海拔高度、允许安装方位角度等满足要求。

5）确定电器的技术指标如电器操作频率、使用寿命等满足要求。

## 六、低压电器的发展历程与趋势

**1. 低压电器产品的发展历程**

低压电器产品的发展历程大致可分为如下 4 个阶段：

1）第一代低压电器（20 世纪 60 年代~70 年代初），电器性能指标低、体积大、耗材、耗能、保护特性单一、规格及品种少，现市场占有率为 20%~30%，主要产品为 DW10、DZ10、CJ10 等系列产品，如图 1-2~图 1-4 所示。

图 1-2  DW10 断路器　　　　图 1-3  DZ10 断路器　　　　图 1-4  CJ10 接触器

2）第二代低压电器（20 世纪 70 年代末~80 年代），技术指标明显提高，保护特性较完善，体积较小，结构上适应成套装置要求，主要产品为 DW15、DZ20、CJ20 等，如图 1-5~图 1-7 所示。引进电器产品以 3TB、B 系列为代表，现有市场占有率为 50%~60%。

图 1-5  DW15 断路器　　　　图 1-6  DZ20 断路器　　　　图 1-7  CJ20 接触器

3) 第三代低压电器（20 世纪 90 年代），具有高性能、小型化、电子化、智能化、模块化、组合化和多功能化等特征，但受制于通信能力的限制，不能较好地发挥智能产品的作用。现有市场占有率为 5%～10%，如智能断路器、软起动器等。主要产品为 DW45、DZS、CJ45 等系列产品，如图 1-8～图 1-10 所示。

图 1-8　DW45 断路器　　　　图 1-9　DZS 断路器　　　　图 1-10　CJ45 接触器

4) 第四代低压电器（20 世纪 90 年代末至今），开发了基于现场总线技术的低压电器，这类电器除了具有第三代低压电器产品的特征外，显著的改进是电器具有较强的通信功能，可以实现现场总线的通信，大大增强了电器设备网络化技术的应用，如图 1-11～图 1-13 所示。

图 1-11　施耐德智能断路器　　图 1-12　智能万能式断路器　　图 1-13　智能复合开关

目前，第一代产品将被淘汰，第二代产品已低档化，第三代产品将逐步成为中档产品。国外低压电器制造商从 20 世纪 90 年代后期至 21 世纪初，相继推出了新一代产品，其中框架式断路器有施耐德公司 MT 系列、西门子公司 3WL 系列以及 ABB 公司 E 系列等，塑壳式断路器有施耐德公司 NS 系列、西门子公司 3VL 系列、ABB 公司 Tmax 系列、GE 公司 Record plus 系列以及三菱公司的 WS 系列产品等。

我国从 20 世纪 90 年代起开发的第三代产品已具有智能化功能，但是单一智能化电器在传统的低压配电、控制系统中很难发挥其优越性，产品价格相对较高，难以全面推广。随着通信电器的开发利用，第三代、第四代高档次低压电器产品市场占有率逐步增加到 30% 以上。

2. 低压电器的发展趋势

目前低压电器产品除了具备高性能、电子化、智能化、模块化、组合化和小型化特征外，还具备可通信、高可靠性、便于维护和绿色环保等特点。未来，低压电器的发展将主要有以下几个趋势：

（1）高性能　科技的发展和现场应用的需要对低压电器的性能提出了更高的要求，如开关电器的额定短路分断能力与额定短时耐受电流等。

（2）高可靠性　可靠性是指电器在额定工作条件下完成其电器自身功能的能力，电器长期在额定电流运行情况下不会发生过热，保障电器设备安全、可靠运行。

（3）智能化　现代化企业广泛运用了计算机监控系统，随着专用集成电路和高性能的微处理器的应用，现场级的低压电器具备了智能化的特征，如低压断路器具有保护、监测、试验、自诊断和显示等智能功能，断路器实现了脱扣器的智能化，使断路器的保护功能大大加强，可实现过载长延时、短路短延时、短路瞬时、接地、欠电压保护等功能，还可以在断路器上显示电压、电流、频率、有功功率、无功功率和功率因数等运行参数。

（4）现场总线技术　低压电器新一代产品实现了可通信、网络化，能与多种开放式的现场总线进行连接，实现双向通信，电器产品具有遥控、遥信、遥测和遥调功能。工业现场总线有 PROFIBUS、Modbus 和 DeviceNet 等，其中 Modbus 与 PROFIBUS 的应用比较广泛。

（5）组合化、模块化　低压电器按照不同的功能进行模块化设计，将不同功能的模块组合成用户需要的产品，如 ABB 推出的 Tmax 系列，其中热磁式、电子式和通信式脱扣器可以互换。电器的附件也采用模块化结构，如在接触器的本体上加装辅助触头组件、延时组件、自锁组件及接口组件等以适应不同场合的应用要求，同时简化了生产工艺，电器更便于安装、使用与维修。

（6）绿色环保　电器制作材料选用绿色环保材料，制造过程及使用过程不污染环境，符合电器环保指标。

（7）电子化　电子电器具有可靠性高、抗干扰性强、功能多样、设计灵活、高频操作、体积小等显著优点，在未来电器应用中将发挥更大的作用。

# 第二节　低压开关

**学习目标**：掌握不同类型低压开关的应用特点、结构原理以及实际应用的方法，能进行低压开关的电器选型、安装接线及运行调试。

低压开关有隔离电源、通断电路和转换电路等作用，开关利用手动或其他外力实现电路的接通或断开，如电源控制、小容量电机的起动/停止控制以及电机正反转控制等。常用的低压开关有刀开关、组合开关及低压断路器。

## 一、刀开关

刀开关是一种结构简单、操作方便的手动配电电器，可以手动接通与断开交（直）流电路，主要用于隔离电源，也可用于不频繁地通断额定电流较小的低压配电线路，或者小型电动机、电炉的工作电路等。刀开关的电气符号、型号及含义分别如图 1-14、图 1-15 所示。

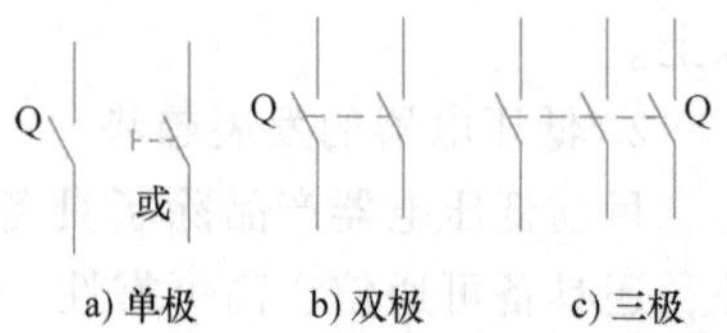

a) 单极　　b) 双极　　c) 三极

图 1-14　刀开关电气符号

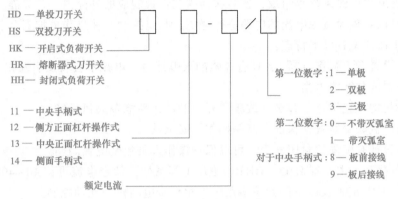

HD —— 单投刀开关
HS —— 双投刀开关
HK —— 开启式负荷开关
HR —— 熔断器式刀开关
HH —— 封闭式负荷开关

11 —— 中央手柄式
12 —— 侧方正面杠杆操作式
13 —— 中央正面杠杆操作式
14 —— 侧面手柄式

额定电流

第一位数字：1 —— 单极
2 —— 双极
3 —— 三极
第二位数字：0 —— 不带灭弧室
1 —— 带灭弧室
对于中央手柄式：8 —— 板前接线
9 —— 板后接线

图 1-15　刀开关的型号及含义

刀开关按照极数分为单极、双极和三极，常用作 AC 380V、电流小于 60A 的电气线路中不频繁操作的电源开关，刀开关主要有以下 3 种类型。

### 1. 开启式负荷开关

开启式刀开关又称为瓷底胶盖式刀开关，其外形、结构图如图 1-16 所示，开启式负荷开关主要由静触头、动触头、熔丝、带瓷质手柄的刀式动触头以及胶盖等部分组成。其中，胶盖的主要作用如下：

1）将各极隔开，防止因极间飞弧导致电源短路。

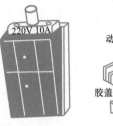
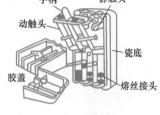

a) 二极外形　　　b) 三极结构

图 1-16　开启式负荷开关外形与结构图

2）防止电弧飞出盖外，灼伤操作人员。

3）防止金属零件掉落在开关上形成极间短路。

刀开关在接线时应注意电源线接在开关上端、负载侧接线在开关下端。刀开关正确安装后，开关闭合操作时，操作手柄方向是向上推，开关断开操作时，操作手柄方向是向下拉，此时电弧产生的电动力与热空气上升的方向一致，电弧短时间内被迅速拉长而熄灭。刀开关不能倒置或水平安装，否则电弧不易熄灭，烧伤刀片，甚至发生短路故障，造成人身伤害。

### 2. 封闭式负荷开关

封闭式负荷开关的外形与结构图如图 1-17 所示，由触刀（刀式触头）、熔断器、手柄、

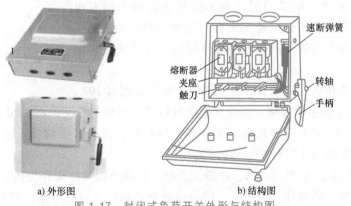

a) 外形图　　　　　　　b) 结构图

图 1-17　封闭式负荷开关外形与结构图

速断弹簧、夹座和灭弧系统等组成，安装在铸铁或钢板制成的外壳内。开关静、动触头密闭在铁壳内，可以对较大负载电流的电路进行通电、断电控制，使操作更加安全。

封闭式负荷开关有以下特点：

1) 开关设置有灭弧室（罩），具有较强的灭弧能力，电弧不会喷发引发相间短路事故。

2) 熔断器的分断能力高。

3) 操作机构设置了速断弹簧，改善了开关的动作性能及灭弧性能。

4) 设置机械联锁装置，保证了开关操作的安全性。

5) 开关设计有坚固的封闭外壳，可以保护操作人员免受电弧灼伤。

封闭式负荷开关主要有HH3、HH10、HH11等系列，额定电流可在10~400A规格范围内进行选择，其中60A及以下的开关多用于三相异步电动机的起动控制。

3. 熔断器式刀开关

熔断器式刀开关是刀开关与有填料熔断器的组合，又称熔断器式隔离开关，采用刀式触头的熔管作为刀刃，具有熔断器和刀开关的双重功能。其外形图及电气符号、型号及含义分别如图1-18、图1-19所示。

图1-18 熔断器式刀开关外形图及电气符号　　　图1-19 熔断器式刀开关的型号及含义

当通过刀开关的电路出现短路或过载运行时，熔断器能及时熔断并断开电路，从而起到保护的作用。熔断器式刀开关可用于电源开关或隔离开关。

## 二、组合开关

组合开关又称转换开关，其特点是体积小、档位多、触点数目多，接线方式灵活、操作方便等，可以手动完成对多路线路的控制。组合开关主要用于机床电气控制电路中、电源的引入及不频繁地接通和断开电路，切换电源或负载；用于控制5kW以下的小容量电动机的正反转和丫-△起动等，另外，照明电路也常用组合开关来进行电路的切换控制。

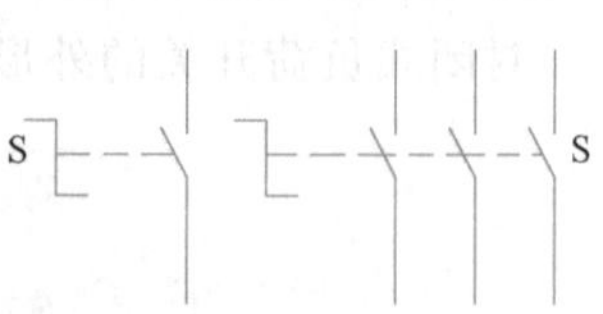

图1-20 组合开关的电气符号

组合开关分为单极、双极、三极和四极，额定电流有10A、25A、60A和100A等多种规格。组合开关电气符号、型号及含义如图1-20、图1-21所示。

图1-22所示为HZ10系列组合开关外形与结构图，组合开关实质上是一种特殊的刀开关，其手柄在与安装面平行的平面内转动。

如图1-22b所示，手柄、转轴、弹簧、凸轮、绝缘垫板和绝缘杆等构成了组合开关的操作机构和定位机构，动触片、静触片、绝缘钢纸板等构成了触点系统，若干个触点系统串套在绝缘杆上，开关上部有定位角，有 30°、60°和 90°等不同角度，转动手柄时凸轮亦转动，即可转换触片的通断位置，以达到多触点接通、断开控制的目的。

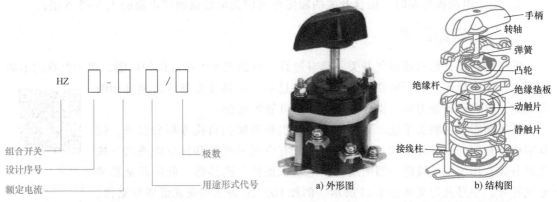

图 1-21　组合开关的型号及含义　　　　图 1-22　HZ10 系列组合开关外形与结构图

组合开关有多对触点，触点断开、接通的状态与开关手柄的位置有关。如图 1-23 所示，开关手柄的位置有 Ⅰ、0、Ⅱ 三个位置，分别用 3 条位置竖线来表示，组合开关有 1-2、3-4 等 8 对触点，触点在某一位置线上若用"●"标注，表明开关手柄在该位置时此对触点接通，否则触点断开。例如，触点 1-2 在开关手柄 Ⅰ 位置时接通，在 0、Ⅱ 位置均为断开状态，表格中开关触点状态与图示完全一致，其中"×"表示触点接通，空白则表示触点断开。

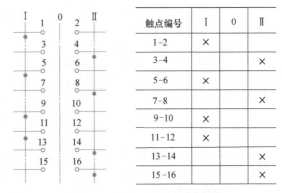

| 触点编号 | Ⅰ | 0 | Ⅱ |
| --- | --- | --- | --- |
| 1-2 | × | | |
| 3-4 | | | × |
| 5-6 | × | | |
| 7-8 | | | × |
| 9-10 | × | | |
| 11-12 | × | | |
| 13-14 | | | × |
| 15-16 | | | × |

图 1-23　组合开关触点位置表示

如图 1-24 所示，利用 HY2 组合开关可以实现电动机的正反转控制。在控制电路中，当开关手柄处于 Ⅰ 位置时，如图 1-24a 所示触点 1-2、5-6、9-10 处于闭合位置，电源 U、V、W 正相序接入，电动机正转；当开关手柄处于 Ⅱ 位置时，如图 1-24b 所示 1-2 触点闭合，3-4、7-8 触点闭合，电源 U、W、V 负相序接入，电动机反转。注意：此设计中组合开关 3-5、4-10、6-8、7-9 端子已事先做好连接。

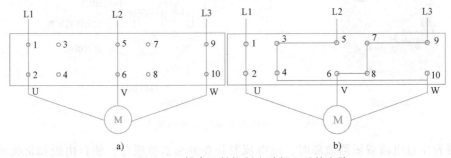

图 1-24　组合开关控制电动机正反转电路

选择组合开关时应注意以下两点：

1）用于照明电路时，组合开关的额定电流应大于或等于负载电流之和。

2）用于电动机控制时，组合开关的额定电流应为电动机额定电流的 1.5~2.5 倍。

## 三、低压断路器

低压断路器又称自动空气开关，具有过载、短路及欠电压等保护功能，用于电路的不频繁通电、断电操作。低压断路器在电路发生过载、短路及失电压时能自动断开电路，具有断开能力强、操作方便、安全可靠等优点。

低压断路器由触头系统、灭弧室、传动机构和脱扣机构等部分组成，按其结构分有塑壳式、万能式，按灭弧介质分有空气断路器和真空断路器，按用途分类有用于配电线路、照明线路、电动机保护等断路器。低压断路器的电气符号、型号及含义如图 1-25 所示，例如 DZ5-20 表示塑壳式低压断路器，设计序号为 5，额定电流为 20A。

低压断路器
的作用及类型

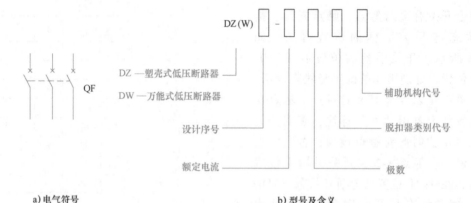

a)电气符号        b)型号及含义

图 1-25 低压断路器的电气符号、型号及含义

如图 1-26b 所示，正常情况下，断路器的主触点通过操作机构手动合闸，主触点闭合后，自由脱扣机构将主触点锁在合闸位置上，低压断路器的自动断开可以分别由过电流脱扣器、热脱扣器、欠电压脱扣器以及分励脱扣器完成。其工作原理如下：

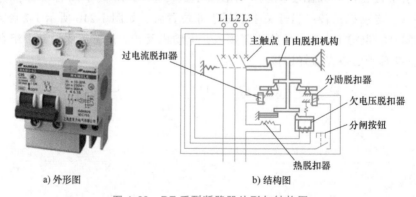

a)外形图        b)结构图

图 1-26 DZ 系列断路器外形与结构图

当电路发生过电流或短路故障时，过电流脱扣器的衔铁被吸合，使自由脱扣机构的钩子脱开，与主触点机构分离，主触点机构在弹簧的作用下向左断开主触点，从而切除短路故障

电流，起到过电流或短路保护的作用。

当线路发生过载时，热脱扣器的热元件发热，使双金属片向上弯曲，推动自由脱扣机构动作，即刻断断开电路，从而起到过载保护的作用。

若电网电压过低或为零时，欠电压脱扣器的衔铁被释放，自由脱扣机构动作，断路器分闸。分励脱扣器用于分断控制，按下分闸按钮，使分励线圈通电，分励脱扣器动作，断路器分闸。

塑壳式断路器一般适用于 AC 380V、50Hz 或 DC 220V 及以下的电路中，可以用于电动机的过载和短路保护，也可作为电动机不频繁起动的控制开关。例如 DZ20 系列塑壳式断路器适用于交流 50Hz、额定工作电压 380V 的电路中，其中额定电流 200A 和 400A 规格的断路器可用于电动机保护及控制。

塑壳式断路器在配电线路中主要用于电能分配、线路的过载保护以及短路保护。例如 DZ12 系列塑壳式断路器安装在照明配电箱中，用于交流 50Hz、单相 220V 的照明线路中，作为线路的过载保护、短路保护及控制。

万能式断路器具有绝缘衬垫的框架结构底座，又称为框架式断路器，相比于塑壳式断路器，万能式断路器的额定电压、额定电流比较大，适用于额定电流为 200~6300A 的配电网络中，其分断能力较强，并具有延时跳闸的功能，可以满足开关保护选择性的要求。

万能式断路器主要用来分配电能、线路保护以及电源控制，具有过载、欠电压、短路、单相接地的保护功能以及不频繁的电路切换控制作用。断路器的安装方式有固定式、抽屉式，操作方式有手动和电动操作。

图 1-27 所示为 DW15 型万能式低压断路器的外形图，主要由灭弧室、合闸按钮、分闸按钮、触头状态指示器等部分组成。

图 1-27 DW15 型万能式低压断路器外形图

低压断路器的选择原则如下：

1）断路器的额定电流及过电流脱扣器的额定电流应不小于工作线路的计算电流。

2）断路器的额定电压 $U_N$ 应大于或等于工作线路的额定电压。

3）断路器欠电压脱扣器额定电压应等于工作线路的额定电压。

4）低压断路器的极限通断能力应大于线路中最大的短路电流。

5）电磁脱扣器的瞬时脱扣器电流应大于负载电路正常工作时的峰值电流，计算如下：

单台电机 $\qquad\qquad\qquad I_Z \geqslant KI_q$

多台电机 $\qquad\qquad I_Z = KI_{qmax} +$ 其他电器工作电流

式中　　$K$——安全系数，一般取 0.7；

$\qquad I_q$——电机起动电流；

$\qquad I_{qmax}$——最大容量电机起动电流。

## 四、熔断器

1. 结构类型与用途

熔断器是在低压配电系统、电气控制系统中作为短路保护的电器。熔断器串联于电路中，当电路短路时，电流增大，电流通过熔体产生的热量与电流的二次方及时间成正比，熔体急剧升温，立即熔断，切断电路，从而起到保护作用。当用电设备连续过载运行一定时间后，熔体积累的热量可以使其熔断，因此熔断器也可作过载保护。熔断器外形、电气符号、型号及含义如图 1-28 所示。

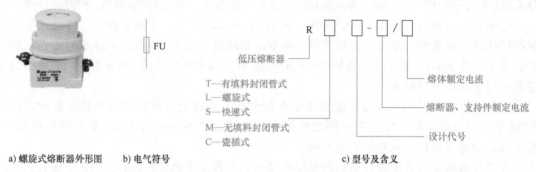

a) 螺旋式熔断器外形图　　b) 电气符号　　　　　　　　c) 型号及含义

图 1-28　熔断器外形、电气符号、型号及含义

常用的熔断器类型主要有瓷插式、螺旋式、无填料封闭管式和有填料封闭管式 4 种类型，各类熔断器的外形及内部结构如图 1-29 所示。

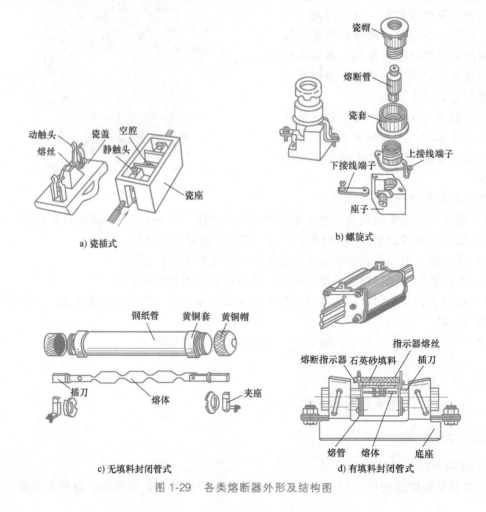

a) 瓷插式　　　　　　　　　　　　　　b) 螺旋式

c) 无填料封闭管式　　　　　　　　d) 有填料封闭管式

图 1-29　各类熔断器外形及结构图

如图1-29a所示，瓷插式熔断器主要由熔丝、瓷盖、空腔、动触头、静触头和瓷座组成。熔断器结构简单，分断电流能力较弱，主要用于低压分支电路或小容量电路的短路和过载保护。

如图1-29b所示，螺旋式熔断器主要由带螺纹的瓷帽、熔断管、瓷套、上接线端子、下接线端子和座子组成。熔断管内装有熔丝，并充满石英砂，两端用铜帽封闭，防止电弧喷出管外。当熔丝熔断时，管内电弧喷向石英砂及其缝隙，可迅速降温并熄灭电弧。熔丝熔断，熔断管一端红色熔断指示器自动凸出指示，便于检修人员观察并及时检修排查故障。

如图1-29c所示，无填料封闭管式熔断器由钢纸管（俗称反白管）、黄铜套和黄铜帽组成，熔管内部主要由插刀、熔体和夹座的底座组成，熔体为变截面的熔片，安装时黄铜帽与夹座相连。

如图1-29d所示，有填料封闭管式熔断器主要由熔管和底座两部分组成。熔管由管体、熔体、熔断指示器、石英砂填料和插刀等组成，熔体为网状紫铜片，额定电流为50～1000A。熔断器主要用于短路电流较大的电路中。

2. 熔断器的选择

选择熔断器时，其额定电压要大于或等于工作电路的额定电压，额定电流选择原则如下：

1）电阻性负载，负载起动过程很短，运行电流较平稳，一般按负载额定电流的1～1.1倍选用熔体的额定电流。

2）感性负载，如电动机的起动电流为额定电流的4～7倍，一般选择熔体的额定电流为电动机额定电流的1.5～2.5倍，用于电路的短路保护。对于多台电动机，要求

$$I_{FU} \geqslant (1.5～2.5)I_{Nmax} + \sum I_N \tag{1-1}$$

式中　$I_{FU}$——熔体额定电流（A）；

　　　$I_{Nmax}$——最大一台电动机的额定电流（A）。

3）为防止发生熔断器越级熔断，上、下级（供电干线、支线）熔断器间应有良好的协调配合，为此，应使上一级（供电干线）熔断器熔体的额定电流比下一级（供电支线）大1或2个级差。

# 第三节　主令电器

**学习目标：**掌握主令电器的应用特点、结构原理及使用方法，熟悉接近开关的用途，能进行接近开关的安装接线。

自动控制系统中用于发送控制命令的电器称为主令电器。常用的主令电器有按钮、行程开关、接近开关和万能转换开关等。

## 一、按钮

按钮是一种利用人力控制的主令电器，主要用来发送操作命令，控制电路接通或断开，

控制机械与电气设备的运行状态。控制按钮一般用于短时接通或断开小电流电路控制，按钮的文字符号为 SB，图形符号及结构示意图如图 1-30 所示，按钮的型号及含义如图 1-31 所示。

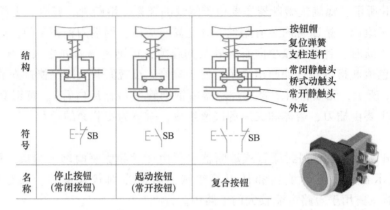

图 1-30　按钮外形图、图形符号及结构示意图

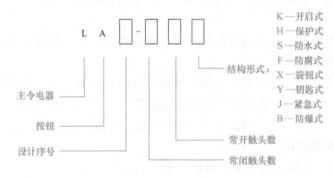

图 1-31　按钮的型号及含义

　　按钮由按钮帽、复位弹簧、桥式动触头和外壳等组成，通常制成具有常开触头和常闭触头的复合式结构，在按钮帽未被按下前，常闭静触头闭合、常开静触头断开；按下按钮后，常闭静触头断开、常开静触头闭合；松开按钮帽，在复位弹簧的作用下，常闭静触头、常开静触头返回。不同类型的按钮其应用特点各不相同，详见表 1-7，使用时应依据实际需要进行选择。

表 1-7　不同类型按钮的应用特点

| 类型 | 应用特点 | 类型 | 应用特点 |
| --- | --- | --- | --- |
| 开启式（K） | 安装在控制柜、台的面板上 | 防爆式（B） | 含防爆型气体 |
| 保护式（H） | 带保护外壳，防止外力破坏及人为触电 | 旋钮式（X） | 手把旋转操作触头动作 |
| 防水式（S） | 带密封的外壳，防水 | 钥匙式（Y） | 钥匙插入旋转触头，防误操作 |
| 防腐式（F） | 防化工腐蚀性气体侵入 | 紧急式（J） | 按钮帽为红色大蘑菇头 |

## 二、行程开关

　　行程开关又称限位开关，是将机械位置信号转换为电气信号，以控制运动部件位置或行程的自动控制电器，它是一种常用的小电流主令电器。

行程开关利用机械运动部件的撞块与开关发生碰撞，使开关触头动作，发出动作信号，从而实现电路的接通或断开控制，通常用于限制机械运动的位置或行程，使运动机械设备按设定的行程自动起动、停止、反向运动、自动往返等。例如把行程开关安装在工作机械行程的终点处，限制其行程，则称为终端开关，起限位控制的作用。行程开关的电气符号、型号及含义如图1-32、图1-33所示。

行程开关

常用行程开关有LX19、LX31、LXW5等系列，主要用于机床及其他生产机械、自动生产线的限位控制。起重设备用行程开关，如LX22、LX33系列，主要用于限制起重设备及各种冶金辅助机械的行程。

图1-32 行程开关电气符号

行程开关主要由触头、操作头组成。按操作头的动作

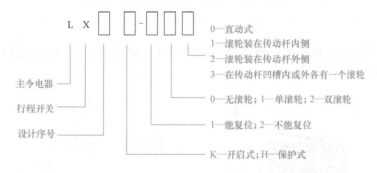

图1-33 行程开关的型号及含义

方式不同，行程开关可分为以下3种类型：

（1）直动式行程开关　直动式行程开关是由直线运动部件的撞块与行程开关的推杆发生碰撞，使开关触头动作。其外形及结构原理如图1-34所示，当外界运动部件的撞块碰压开关，开关触头动作；而当运动部件离开后，在复位弹簧的作用下，行程开关触头自动复位。开关触头的分合速度取决于运动部件的运行速度，其运行速度不宜低于0.4m/min。

（2）滚轮式行程开关　滚轮式行程开关又分为单滚轮自动复位式和双滚轮（羊角式）非自动复位式。双滚轮行程开关具有两个稳态位置，开关有"记忆"功能。

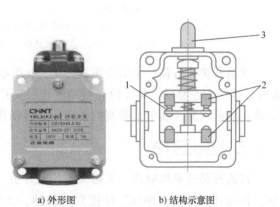

a）外形图　　　b）结构示意图

图1-34 直动式行程开关的外形图及结构图
1—动触头 2—静触头 3—推杆

图1-35所示为滚轮式行程开关的结构图及实物。如图1-35a所示，当运动机械的撞块碰压到行程开关的滚轮1时，上转臂2连同转轴一起转动，使小滑轮5推动压板，当撞块碰压到一定位置时，推动触头推杆6转动，带动触头9动作，而当滚轮上的撞块移开后，弹簧

10 释能使行程开关复位。而双轮旋转式行程开关的触头动作后是不能自动复位的，必须依靠撞块运动机械反向移动时碰撞另一滚轮才能将其复位。

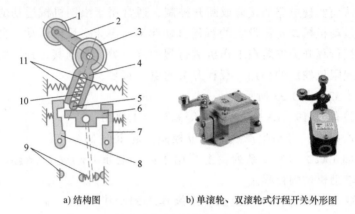

a) 结构图　　　　　　　　　　b) 单滚轮、双滚轮式行程开关外形图

图 1-35　滚轮式行程开关的结构图及外形图

1—滚轮　2—上转臂　3—辅助轮　4—套架　5—小滑轮　6—触头推杆　7、8—压板　9—触头　10、11—弹簧

（3）微动开关式行程开关　微动开关式行程开关常用的有 LXW-11 系列产品，其外形如图 1-36a 所示。

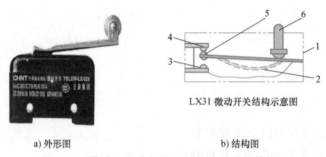

a) 外形图　　　　　　　　　　b) 结构图

图 1-36　微动开关式行程开关的外形图及结构图

1—壳体　2—弓簧片　3—常开触头　4—常闭触头　5—动触头　6—推杆

微动开关式行程开关结构图如图 1-36b 所示，当运动机械上的撞块撞击带有滚轮的推杆 6 时，推杆向左移动，带动滚轮转动下压弓簧片，使常闭触头 4 断开，常开触头 3 闭合。当运动机械返回时，在复位弹簧的作用下，各动作部件均复位。

## 三、接近开关

接近开关是非接触式、无触头的位置开关，它由感应头、高频振荡器、放大器及外壳组成。接近开关可以"感知"接近它的物体，无须与运动物体直接接触，利用开关对接近物体的敏感特性达到开关接通、断开的目的，从而提供运动部件到达某一位置的信号，即准确反映出运动物体的位置和行程。接近开关外形图及电气符号如图 1-37 所示。

接近开关克服了有触头的行程开关可靠性较差、使用寿命短以及操作频率低的缺点，具有灵敏度高、频率响应快、重复定位精度高、工作稳定可靠以及使用寿命长等优点。接近开关外部用环氧树脂密封，具有良好的防潮防腐性能。接近开关主要有以下 5 种类型：

（1）无源接近开关　无源接近开关不需要电源，通过磁力感应控制开关触头通、断的

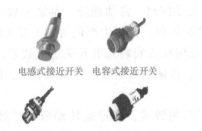

电感式接近开关　　电容式接近开关

霍尔式接近开关　　光电式接近开关

a) 外形图

b) 电气符号

图 1-37　接近开关外形图及其电气符号

状态。当磁性或铁质物体靠近开关磁场时，开关触头在内部磁力的作用下闭合；当物体离开时，开关触点断开；因此无源接近开关是非接触式的，并且免维护，环保节能。

（2）电感式接近开关　电感式接近开关又称为涡流式接近开关，由振荡器、开关电路及放大输出电路三部分组成。振荡器产生一个交变磁场，当导电体接近开关时，磁场使导电体内部产生涡流，涡流反作用到开关内部，使开关内部电路参数发生变化，控制开关触点接通，而当导电体离开时，开关断开，从而识别出有无导电物体移近开关。其特点是抗干扰性能好，开关频率高，一般大于 200Hz。

（3）电容式接近开关　电容式接近开关将开关的测量头作为电容器一个极板，开关外壳为另一个极板，外壳接地或与设备的机壳相连接。当有物体移向或远离开关时，电容器的介电常数、电容量均发生变化，从而控制开关的接通或断开。电容式接近开关不仅可以检测导体，还可以检测绝缘的液体或粉状物等。

（4）霍尔式接近开关　霍尔式接近开关是一种磁敏元件，内置霍尔元件，又称为霍尔开关。当一块通有电流的金属或半导体薄片垂直地放在磁场中时，薄片的两端会产生电位差，这种现象称为霍尔效应。

霍尔式接近开关是利用霍尔效应把输入的磁信号转换成电信号的有源磁电转换开关，当磁性物件移近开关时，开关检测面上的霍尔元件会产生霍尔效应，从而控制开关触头的接通或断开。霍尔式接近开关的检测对象是磁性物体。

（5）光电式接近开关　光电式接近开关利用光电效应原理控制开关触头的动作。光电式接近开关的输出类型有继电器型、NPN 型和 PNP 型三种类型，按检测方式分反射式、对射式和镜面反射式三种类型。

反射式接近开关的探头里有一个发光二极管和一个光电管，当有物体靠近探头的时候，发光二极管发出的光线被物体反射回来，光电管接收到反射光后，光电元器件输出动作信号。

对射式接近开关内部发光二极管、光电管放到相对的位置，当物体穿过它们之间时，发光二极管的光线被阻挡，光电管接收不到光线，开关输出动作信号。

镜面反射式接近开关的原理与反射式相似，发射光线经过反射镜反射回光电管，物体经过遮挡光线时，产生检测动作信号，由此开关便可"感知"有物体。

接近开关的主要作用如下：

1）检验距离：检测电梯或升降设备的停止、起动位置；检测车辆的位置，防止两物体相撞；检测工作机械的设定位置，移动机器或部件的极限位置等。

2）尺寸控制：用于金属板冲剪的尺寸控制，自动选择、鉴别金属件长度，检测自动装卸时堆物高度，检测物品的长、宽、高和体积，检测生产包装线上有无产品包装箱等。

3）转速检测与控制：在电机轴端径向位置安装光电开关感应装置，使电机每转一周被检测到一次，产生一个信号输送给PLC，依据输入信号的频率及数量，PLC可以实现对电机测速、控制转速的目的。

4）计数及控制：检测生产线上产品的数量，高速旋转轴或盘的转数计量，零部件计数等。

5）检测异常：产品合格与不合格判断，如检测瓶盖有无，检测包装盒内的金属制品缺乏与否，区分金属与非金属零件，产品有无标牌检测以及起重机危险区报警等。

6）计量控制：对产品或零件进行自动计量；检测计量器、仪表的指针范围，从而控制数量或流量；检测浮标控制测面高度、流量等。

7）识别对象：根据载体上的识别码进行判断，对生产线上的产品或零件进行自动识别。

## 四、万能转换开关

万能转换开关是一种多档操作位置、多触点数、多回路控制的手动控制电器，常用于对多路电路的通、断控制，能满足复杂电路的控制要求。

图1-38a所示为LW5型万能转换开关外形图。万能转换开关主要由操作机构、定位装置、触头、转轴和手柄等部件组成。万能开关由多组单层开关结构的触头叠装而成，在触头盒的上方有操作机构，由于扭转弹簧具有储能作用，触头分断迅速，操作呈现了瞬时动作的特性，不受手动操作速度的影响。

图1-38b所示的开关触头在绝缘基座内，为双断点触头桥式结构，动触头依靠凸轮和支架进行操作，控制触头的接通和断开。万能转换开关的手柄操作位置是以角度表示的，操作时用手柄带动转轴，再带动凸轮，从而推动触头接通或断开。当凸轮转动到图示位置时，1、2两组触头断开，触头3闭合；当手柄处在不同位置时，凸轮转动的位置不同，触头的动作情况不同，在手柄转动过程中控制触头接通、断开，以达到切换电路的目的。

LW5型万能转换开关的各个触点位置关系如图1-39a所示，图中虚线对应操作手柄的位置，三条虚线表示有三个操作位置，触点在某虚线处涂圆点，表示该触点在此位置接通，如手柄在左45°位置时，触点1-2、3-4、5-6接通，触点7-8断开；手柄在0°位置时，只有触点5-6接通；而手柄在右45°位置时，只有触点7-8接通。

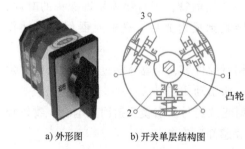

| | LW5-15D0403/2 | | |
|---|---|---|---|
| 触点编号 | 45° | 0° | 45° |
| 1-2 | × | | |
| 3-4 | × | | |
| 5-6 | × | × | |
| 7-8 | | | × |

a）外形图　　b）开关单层结构图　　　　　　　　　　　　　a）　　　　　　　　b）

图1-38　LW5型万能转换开关外形图及结构图　　　　图1-39　LW5型万能转换开关的触点位置

图1-39b所示为LW5型万能转换开关的操作手柄位置与触点接通或断开状态的关系表，

表中以"×"表示触点接通，空白表示断开，手柄在不同位置时，触点接通或断开状态与图 1-38a 表达的内容是完全一致的。

万能转换开关按手柄的操作方式可分为自复式和自定位式两种。自复式是指用手拨动手柄于某一档位时，当手松开后，手柄自动返回原位；定位式则是指手柄被置于某档位，当手松开后，不能自动返回原位而依然停在该档位。

# 第四节　电磁型低压电器

**学习目标**：掌握电磁型低压电器的结构特点及工作原理，学会电磁型低压电器的安装接线方法，能进行电磁型低压电器的基本接线及应用设计。

电磁型低压电器主要由电磁机构、触头系统和灭弧系统三部分组成。电磁机构又称为磁路系统，其作用是将电磁能转换为机械能，并带动电器触头的动作，接通或断开电路。

如图 1-40 所示，电磁机构由线圈、铁心（静铁心）和衔铁（动铁心）组成，其工作原理是：当线圈通电时产生磁场，衔铁在电磁吸力的作用下，与铁心吸合，同时带动常闭、常开触头动作；线圈断电时，电磁力消失，衔铁在弹簧的作用下返回，常闭、常开触头亦返回，从而实现了电器触点状态的切换。电磁机构的结构按衔铁运动的轨迹分为拍合式、直动式、螺线管式和回转式 4 种形式。

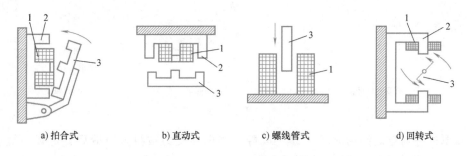

a) 拍合式　　　b) 直动式　　　c) 螺线管式　　　d) 回转式

图 1-40　电磁机构的结构形式
1—线圈　2—铁心　3—衔铁

在交流电磁机构中，为避免线圈中交流电流过零点时，磁通过零点而造成衔铁抖动，在交流电磁机构铁心的端部开槽，嵌入一个铜短路环，以消除振动，确保衔铁的可靠吸合。如图 1-41 所示，短路环 4 安装在铁心端部，起到防振作用。

触头是有触点电器的执行部分，采用铜材料或银质材料制成。通过触头的闭合、断开控制电路通断，触头接触方式有点接触、面接触和线接触 3 种形式，如图 1-42 所示。

触头一般包括主触头和辅助触头。主触头用于通断主电路，通常为三对常开触头。辅助触头用于控制电路，起电气联锁的作用，故又称联锁触头，一般有常开触头、常闭触头各两对。

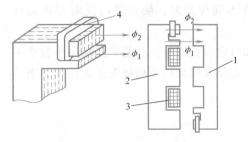

a) 点接触      b) 线接触      c) 面接触

图 1-41　交流电磁铁的短路环

图 1-42　触头的接触方式

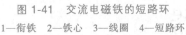

1—衔铁　2—铁心　3—线圈　4—短路环

当开关电器切断电路、触头断开时，往往会产生电弧，电弧的特点是温度高、亮度大，对电路、电器会产生危害。电弧会延长切断电路的时间，电弧产生的高温会将电器触头烧损，也会烧坏附近电气绝缘材料，或形成飞弧造成电源短路事故等，因此电器内部通常设计了灭弧系统。灭弧措施主要有吹弧、拉弧、长弧割短弧、多断口灭弧，以及利用介质灭弧、改善触头表面材料等。

如图 1-43 所示，双断口灭弧方法是将电弧分成两段，提高起弧电压，同时电弧之间的电动力将电弧向外侧拉长，增大电弧与冷空气的接触，有利于电弧迅速散热、熄灭。

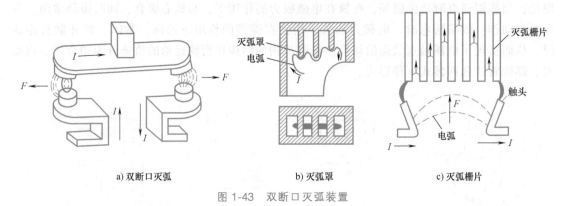

a) 双断口灭弧      b) 灭弧罩      c) 灭弧栅片

图 1-43　双断口灭弧装置

灭弧罩的壁与壁之间构成了"缝"间隙，当电弧受力被拉入窄缝后，电弧与缝壁能紧密接触，从而降低了电弧温度，加速电弧熄灭。

灭弧栅片一般采用钢片制成，在交流低压开关电器中，当触头间产生电弧时，电弧在磁力作用下被拉入灭弧栅片，在栅结构中电弧被隔成多段短弧，以达到快速熄弧的目的。

小容量的电器常采用双断口触点灭弧、电动力灭弧、相间弧板隔弧及陶土灭弧罩灭弧的措施，容量较大的电器则采用纵缝灭弧罩及灭弧栅片灭弧。

## 一、接触器

接触器通常用于频繁地接通和断开交（直）流主回路和大容量控制电路，并具有欠电压保护的功能。交流接触器的灭弧装置通常采用灭弧罩和灭弧栅片两种类型，其作用是在主触头断开时将产生的电弧熄灭。交流接触器外形图、电气符号、型号及含义分别如图 1-44、图 1-45 所示。

接触器

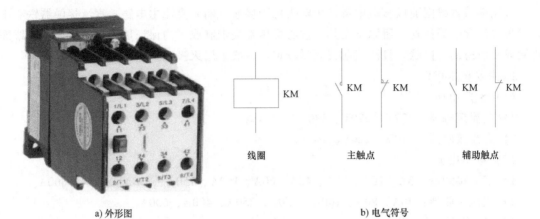

a) 外形图                                    b) 电气符号

图 1-44　交流接触器的外形图与电气符号

接触器主要由电磁系统、触头系统和灭弧装置组成。其工作原理（图1-46）是：当吸引线圈通电后，线圈中的电流产生磁场，使铁心产生电磁吸力吸引衔铁，衔铁带动触头动作，使常开主触头闭合，辅助常开触头闭合，常闭触头断开。当吸引线圈断电时，电磁力消失，衔铁在释放弹簧的作用下释放，主触头断开，辅助触头均返回，通过吸引线圈的通电、断电控制主触头的通断状态，从而控制电路的通断。

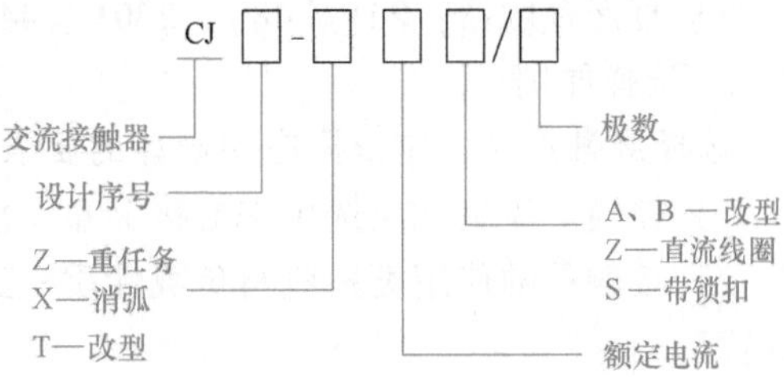

图 1-45　交流接触器的型号及含义

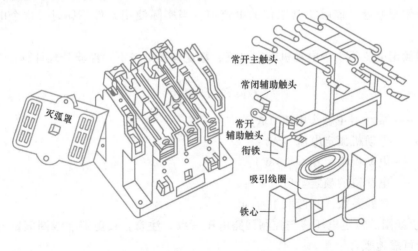

图 1-46　接触器结构图

交流接触器线圈通以交流电流，主触头用于接通、断开交流主电路。当交变磁通穿过铁心时，将产生涡流和磁滞损耗，使铁心发热。为了减少铁损，铁心用硅钢片冲压而成。为便于散热，线圈做成短而粗的圆筒状绕在支架上。另外，在接触器铁心端面上安装了一个铜制的短路环，可以有效地抑制交变磁通引起的振荡和噪声。

直流接触器线圈通以直流电流，主触头用于接通、断开直流主电路。直流接触器铁心中不产生涡流和磁滞损耗，所以不发热，铁心可用整块钢制成。为保证散热良好，通常将线圈绕制成长而薄的圆筒状。直流接触器灭弧较难，一般采用灭弧能力较强的磁吹灭弧装置。

1. 主要技术指标

（1）额定电压

1）交流接触器：127V、220V、380V、500V。

2）直流接触器：110V、220V、440V。

（2）额定电流

1）交流接触器：5A、10A、20A、40A、60A、100A、150A、250A、400A、600A。

2）直流接触器：40A、80A、100A、150A、250A、400A、600A。

（3）吸引线圈额定电压

1）交流接触器：36V、110V、220V、380V。

2）直流接触器：24V、48V、220V、440V。

2. 选择原则

选择接触器时，应依据应用设计的要求，主要考虑下列因素：

1）控制交流负载应选用交流接触器，控制直流负载选用直流接触器。

2）接触器的使用类别应与负载性质一致，主触头、辅助触头的数量应能满足控制系统的需要。

3）主触头的额定工作电压应大于或等于负载电路的电压。

4）主触头的额定工作电流应大于或等于负载电路的电流。

应特别注意的是：接触器主触头的额定工作电流是在规定条件下（额定工作电压、使用类别、操作频率等）能够正常工作的电流值，当实际使用条件不同时，这个电流值也将随之改变。

接触器额定电流不小于电动机额定电流，额定电流可按下列经验公式计算：

$$I_{KMN} \geq I_N = \frac{P_{MN}}{KU_{MN}} \tag{1-2}$$

式中　$I_{KMN}$——接触器主触头电流（A）；

　　　$I_N$——电动机额定电流（A）；

　　　$P_{MN}$——电动机额定功率（kW）；

　　　$U_{MN}$——电动机的额定电压（V）；

　　　$K$——经验系数，一般取 1~1.4。

5）吸引线圈的额定电压应与控制回路电压一致。注意：接触器在线圈额定电压85%及以上时才能可靠地吸合。

## 二、电磁阀

电磁阀是一种依靠电磁力动作的电磁开关，用于流体管路中的阀门开启和关闭，从而控制气体、液体、润滑油等流体介质的流动方向、流量和速度等，具有方向控制、速度调节等功能。电磁阀主要有直动式、先导式和分步直动式 3 种类型，图 1-47 所示为电磁阀的外形图。

a)直动式        b)先导式        c)分步直动式

图 1-47 电磁阀的外形图

### 1. 直动式电磁阀

根据电磁阀内部阀芯的位置以及管道口的数量，直动式电磁阀可分为二位二通、三位四通、二位五通电磁阀等。图 1-48a 所示为二位二通直动式电磁阀。直动式电磁阀由阀芯、阀座、线圈、弹簧、密封圈、出气口和进气口组成。电磁阀的工作原理是：利用电磁力推动电磁阀芯，如图 1-48b 所示，线圈通电时，产生电磁力把阀芯从阀座上提起，阀门打开，出气口与进气口相通；如图 1-48c 所示，线圈断电时，电磁力消失，弹簧把阀芯压在阀座上，阀门关闭。

特点：功率较大，不易高频操作，在真空、负压和零压时能正常工作。

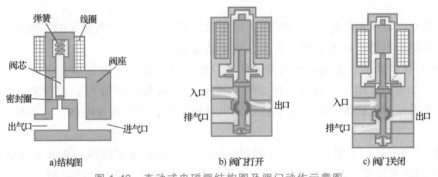

a)结构图        b) 阀门打开        c) 阀门关闭

图 1-48 直动式电磁阀结构图及阀门动作示意图

### 2. 先导式电磁阀

如图 1-49 所示，线圈通电时，在电磁力的作用下，先导阀打开，流体沿着先导阀气路进入，在腔室内形成外高内低的压差，流体压力推动活塞向右移动，阀门打开；断电时，如图 1-50 所示，在弹簧作用下，先导阀关闭，入口压力通过旁通孔迅速释放，腔室周围形成内高外低的压差，流体压力推动活塞向左移动，阀门关闭。

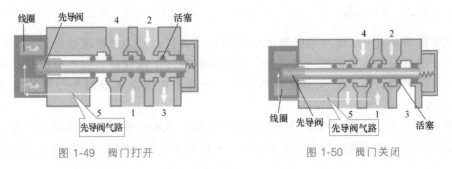

图 1-49 阀门打开            图 1-50 阀门关闭

特点：对流体压强要求较高，一般压强要求不低于 0.05MPa，功耗较小，可频繁操作、节能。

3. 分步直动式电磁阀

分步直动式电磁阀是将直动式电磁阀和先导式电磁阀的动作原理相结合，当入口与出口没有压差，线圈通电后，产生的电磁力使动铁心和静铁心吸合，电磁力将先导阀和主阀活塞依次向上提起，当入口与出口达到起动压差时，主阀下腔压力上升，上腔压力下降，利用压差把主阀向上推，阀门打开；线圈断电时，先导阀利用弹簧弹力或介质压力推动活塞，使阀门关闭。

特点：在零压差或真空、高压时亦能可靠动作，但功率较大，必须水平安装。

# 第五节　继电器

**学习目标**：掌握继电器的用途、功能、结构原理及应用特点，学会继电器的应用设计的基本方法。

继电器是广泛应用于电气自动控制、继电保护装置中，具有测量保护、隔离、延时、转换执行等功能的电器。继电器种类繁多，主要功能如下：

1）测量保护功能。继电器由测量元件、判断元件和执行元件三部分组成，当测量元件的输入量（如电流、电压、温度、压力等）变化时，若判断出输入量达到某一定值，继电器动作，执行元件接通或断开控制电路，发出动作信号，如电流继电器、电压继电器和温度继电器等。

2）延时功能：用于建立一个动作延时的时限，可进行延时操作，如时间继电器。

3）中间转换功能：用于电路的转换、回路数量的扩展，如中间继电器。

4）指示功能：用于指示电气设备运行的状态，如信号继电器，当线路发生短路故障时，电流保护装置动作，信号继电器掉牌指示，便于排故检修。

按内部结构原理的不同，继电器可以分为电磁型、感应型和晶体管型等。下面以电磁型继电器为例介绍电流继电器、电压继电器和中间继电器的工作原理，以及其他常用继电器的特点及用途。

## 一、电流继电器

电流继电器是用于反映测量电流大小而动作的器件，分为过电流继电器、欠电流继电器，常用于继电保护装置和测控装置中，作为线路的过电流保护、欠电流保护和短路保护等，在电流保护设计中起着十分重要的作用。电磁型电流继电器的外形图及电气符号如图 1-51 所示。

如图 1-52 所示，电磁型电流继电器主要由线圈、铁心、衔铁、反作用力弹簧、动触点和静触点等组成。电流继电器的线圈粗而少，阻抗很小，线圈串联于电路中，用于检测电流的变化。

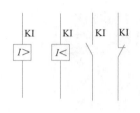

a) 外形图                    b) 电气符号

图 1-51　电流继电器的外形图、电气符号

电流继电器的电磁机构采用转动舌片式，即采用转动灵活的 Z 型舌片衔铁 1。当通过线圈的电流增大时，会产生较大的电磁力，吸引 Z 型舌片衔铁转动，并带动转轴 5，使动触点 10 动作，电流继电器动作，常开触点闭合；当通过线圈的电流减小时，电磁力也减小，此时由于反作用力弹簧 6 的作用，衔铁 1 返回，带动动触点 10 亦返回，电流继电器返回，常开触点断开。

使过电流继电器动作的最小电流值称为动作电流（动作值），其值可以通过调整动作电流整定把手 9 来调节，即改变反

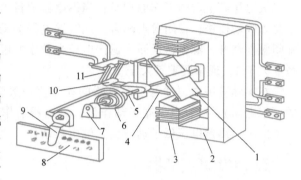

图 1-52　电流继电器的内部结构图

1—衔铁　2—铁心　3—线圈　4—限制螺杆
5—轴　6—反作用力弹簧　7—轴承　8—标度盘
9—调整动作电流整定把手　10—动触点　11—静触点

作用力弹簧 6 的反作用力，进而改变继电器动作电流。使过电流继电器返回的最大电流值称为返回电流（返回值），过电流继电器的返回电流与动作电流之比为返回系数，过电流继电器要求返回系数在 0.85~0.9 之间，以保证继电器动作的可靠性和灵敏性。

过电流继电器与欠电流继电器在使用过程中，只是对继电器触点动作、返回的状态以及继电器动作电流、返回电流的定义不同，对于欠电流继电器而言，当工作电路故障，流经继电器线圈的电流小于动作电流时，铁心产生电磁力降低，不足以吸引衔铁，继电器动作，常开触点断开；当电路恢复正常时，电流增大至大于返回电流时，铁心产生较大的电磁力吸合衔铁，继电器返回，常开触点闭合。继电器的返回电流大于动作电流，因此欠电流继电器的返回系数是大于 1 的。

注意：在实际应用中，电流继电器的动作电流需要依据短路电流、负载电流等进行不同原则的整定计算，得出整定值，并将整定值正确地调整在电流继电器上。

## 二、电压继电器

电压继电器的主要作用是判断供电系统的电压是否正常，若电压出现过高或过低现象，继电器动作并发出动作信号，电压继电器分为过电压继电器、欠电压继电器。

电磁型电压继电器与电流继电器结构相似，不同的是：电压继电器的线圈匝数多、导线

细、阻抗大,线圈并联在电路中。电压继电器的外形图及电气符号如图 1-53 所示。

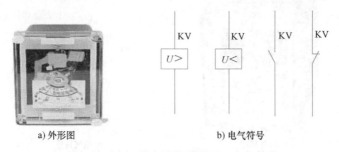

a) 外形图                    b) 电气符号

图 1-53    电压继电器的外形图、电气符号

欠电压继电器的工作原理是:当继电器测量电压降低时,电磁机构产生的电磁力减小,不足以吸动衔铁,常闭触点闭合,此时继电器为动作状态;随着电压升高,衔铁被吸动时,常闭触点断开,继电器返回。返回电压与动作电压之比即为返回系数,欠电压继电器的返回系数大于 1,通常要求不大于 1.2。

在实际应用中,过电压继电器的动作值一般整定为(110% ~ 115%）$U_e$（$U_e$ 为继电器的额定电压）,测量电压高于动作值,继电器动作;欠电压继电器的动作值整定为(40% ~ 70%）$U_e$,测量电压低于动作值,继电器动作。

## 三、中间继电器

中间继电器主要起控制电路中间转换、输出执行的作用。其特点是继电器的触点容量大、触点数目多、动作灵敏。当电路中继电器的触点容量或触点数量不能满足要求时,可利用中间继电器来进行转换及扩展,电磁型中间继电器的外形图及电气符号如图 1-54 所示。

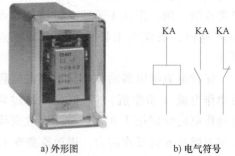

a) 外形图              b) 电气符号

图 1-54    中间继电器的外形图、电气符号

如图 1-55 所示,电磁式中间继电器主要由线圈、铁心、衔铁、复位弹簧、动触点和静触点组成。当继电器的线圈通电时,铁心产生较大电磁力,吸引衔铁向下,带动动触点动作,中间继电器动作,常开触点闭合,常闭触点断开;当线圈断电时,继电器返回,常闭触点闭合、常开触点断开。

中间继电器分交流中间继电器、直流中间继电器两种类型,实际应用中依据控制电路的电压类型、作用和触点数量等进行选择。

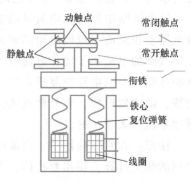

图 1-55    中间继电器结构示意图

## 四、时间继电器

时间继电器是用来建立一个动作时限、实现信号延时功能的电器,分为通电延时继电器和断电延时继电器,时间继电器的触点分为瞬动触点和延时触点,其电气符号如图 1-56 所示。

时间继电器按其内部结构原理的不同，分为电磁式、晶体管式和空气阻尼式等类型。

1）电磁式时间继电器利用电磁机构与钟表机构实现继电器的延时功能。

2）晶体管式时间继电器又称为电子式时间继电器，它是利用延时电子电路来实现延时功能的，延时精度高，体积较小。

3）空气阻尼式时间继电器又称为气囊式时间继电器，它是根据空气压缩产生的阻力来进行延时的，由电磁机构、延时机构和触点系统三部分组成。继电器结构简单，价格便宜，延时范围大，但时间精度较低。

图 1-57 所示为空气阻尼式时间继电器的结构图，其工作原理是：当线圈 1 通电时，铁心 2 产生电磁力吸引衔铁 3 向上，微动开关 15 的瞬动常开、常闭触点动作，但由于橡皮膜下方的空气稀薄形成负压，起到空气阻尼的作用，活塞杆 6 在塔形弹簧 8 的作用下缓慢向上移动，移动速度由进气孔 14 的大小决定。经过整定的延时时间后，活塞杆 6 才能顶到最上部，顶着杠杆 7 逆时针转动下压，直至微动开关 16 动作，延时常开触点闭合，延时常闭触点断开。

当线圈 1 断电时，电磁力消失，在反力弹簧 4 的作用下，衔铁 3 向下，微动开关 15 的瞬动触点均返回，活塞杆 6 亦向下移动，微动开关 16 的常开、常闭触点均迅速返回。

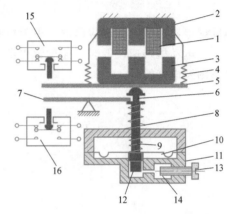

图 1-56　时间继电器的电气符号

线圈　瞬时动作的动合触点　瞬时动作的动断触点

延时闭合的动合触点　延时断开的动合触点　延时断开的动断触点　延时闭合的动断触点

图 1-57　空气阻尼式时间继电器的结构图

1—线圈　2—铁心　3—衔铁　4—反力弹簧
5—推板　6—活塞杆　7—杠杆　8—塔形弹簧　9—弱弹簧
10—橡皮膜　11—空气室壁　12—活塞
13—调节螺杆　14—进气孔　15、16—微动开关

## 五、热继电器

热继电器是保护电器，它利用电流的热效应原理，用于电动机的过载保护、电气设备发热状态的控制，避免电气设备因过载引起过热而造成危害。热继电器具有体积小、结构简单以及成本低等优点，应用广泛。由于热继电器具有热惯性，所以不能作线路的短路保护。

热继电器

热继电器的外形图及电气符号如图 1-58 所示。

如图 1-59 所示，热继电器主要由热元件 1、双金属片 2、导板 3、常闭触点 4 四个部分组成。当流过热元件 1 的电流增大时，热元件产生的热量使得双金属片 2 发生形变，弯曲位移增大，推动导板 3 向左移动将常闭触点 4 断开，断开电路，以实现线路的过载保护。

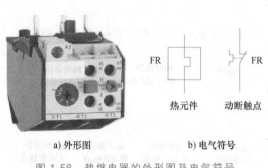

a) 外形图　　　　　b) 电气符号

图 1-58　热继电器的外形图及电气符号

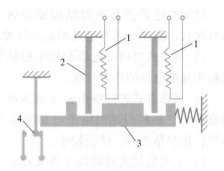

图 1-59　热继电器结构示意图

1—热元件　2—双金属片　3—导板　4—常闭触点

## 六、速度继电器

速度继电器利用电磁感应原理，用于检测电机的转速，如在三相交流异步电动机反接制动过程中，电动机转速较低时，速度继电器复位，自动断开电源。图 1-60 所示为速度继电器的外形图及电气符号。

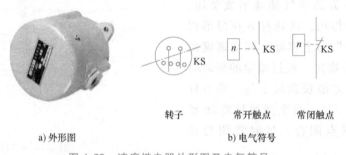

a) 外形图　　　　　　　b) 电气符号

图 1-60　速度继电器外形图及电气符号

如图 1-61 所示，速度继电器主要由转子、笼型线圈、定子、动触点和反力弹簧等组成。转子由一块永久磁铁制成，与电动机同轴相连，速度继电器工作时与电动机是同轴旋转的。

当转子顺时针旋转时，笼型线圈 4 切割转子磁场产生感应电动势，形成环内电流，此电流与磁铁磁场相互作用产生电磁转矩，当电动机转速高于继电器的动作转速时，电磁转矩增大，笼型线圈 4 带动定子柄 5 克服反力弹簧 7 的作用，顺同转子转动的方向摆动，使某一边触点动作。当电动机转速低于返回转速时，定子产生的转矩减小，则触点返回。定子柄的左右两边各设计一组切换触点，分别在速度继电器的转子正转和反转时起作用。

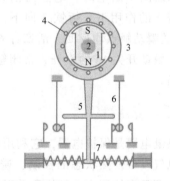

图 1-61　速度继电器示意结构

1—转子　2—电动机轴　3—定子　4—笼型线圈
5—定子柄　6—动触点　7—反力弹簧

速度继电器的动作转速一般不低于 120r/min，复位转速一般为 100r/min 以下，正常工作时，允许的转速高达 1000~3600r/min。

## 七、压力继电器

压力继电器又称压力开关，它是反应压力变化情况而动作的电器。当检测压力达到压力继电器设定值时，压力继电器动作，发出动作信号。压力继电器主要有柱塞式、膜片式、弹簧管式和波纹管式四种结构形式，图1-62所示为压力继电器的外形图及电气符号。

图1-63所示为柱塞式压力继电器，当进油口进入的液体压力达到压力设定值时，推动柱塞上移，同时推动顶杆向上，使微动开关的常开触点闭合，继电器动作；而当压力降低时，柱塞下移，顶杆向下，微动开关的常开触点断开，继电器返回。

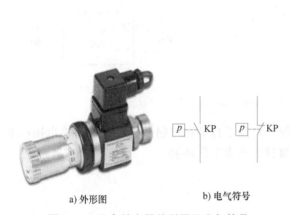

a) 外形图　　　　　b) 电气符号

图1-62　压力继电器外形图及电气符号

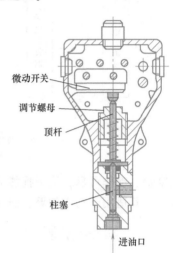

微动开关
调节螺母
顶杆
柱塞
进油口

图1-63　柱塞式压力继电器示意结构

当压力升高到压力继电器的压力设定值时，压力继电器动作。接通电信号的压力称为开启压力，改变弹簧的压缩量，可以调节继电器的开启压力。

当压力降低，压力继电器复位，切断电信号的压力称为闭合压力。开启压力与闭合压力的差值称为压力继电器的灵敏度，其差值越小，灵敏度越高。

## 八、固态继电器

固态继电器（Solid State Relays，SSR）是采用固体半导体元件组成的无触点开关，利用大功率电子元器件（如开关晶体管、单双向晶闸管、功率场效应晶体管等）的开关特性，可实现开关触点的高频通断。单相SSR为四端有源器件，其中两个输入控制端，两个输出控制端，中间采用隔离器件实现输入、输出电路的隔离。SSR的输出端功率开关直接接入电源与负载回路，可以对负载电源的通断进行切换。

图1-64所示为固态继电器外形图及电气符号。

如图1-65所示，固态继电器由输入电路、光电接收器件、控制电路和输出电路构成。当输入控制信号时，SSR开关立即导通；当控制信号撤除时，SSR断开。可见，固态继电器可通过输入控制信号达到驱动大功率负载的目的。在实际应用中，固态继电器的输出端开关接入电源与负载的工作回路对电源进行通断控制。

固态继电器的输入、输出电路可分为直流、交流和交直流电路三种。固态继电器的开关

a) 直流固态继电器　　　　b) 交流固态继电器　　　　　c) 电气符号

图 1-64　固态继电器外形图及电气符号

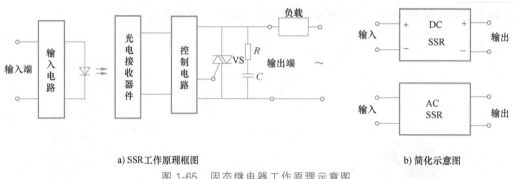

a) SSR工作原理框图　　　　　　　　　　　　b) 简化示意图

图 1-65　固态继电器工作原理示意图

速度快、动作可靠，抗干扰能力强，使用方便，常用于自动化控制系统的输入、输出接口电路，尤其适用于动作频繁、防爆、防振、耐腐蚀的恶劣工作环境。

## 九、其他电器

### 1. 温度控制器

温度控制器是根据采集温度的变化，在其内部发生物理变化，从而产生某种特殊效应，使输出元件的触点接通或断开的自动控制元件。温度控制器可检测、显示、控制加热元件的温度，并根据设置的报警点、报警类型向控制器发出报警信号，温控器的外形如图 1-66 所示。

温度控制器的功能特点可在其型号中具体表示，如型号为 E5CC-RX2ASM-800 的温度控制器具体含义为：E5CC 表示欧姆龙温度控制器，RX 表示继电器 1 路输出（控制输出），2 表示 2 路继电器输出（辅助报警输出），A 表示电源为 AC 100～240V，S 表示螺钉式端子，M 表示通用输入，800 表示无通信、无事件输入、无加热器断线和 SSR 检测功能。

图 1-67 所示为 E5CC-RX2ASM-800 温度控制器的端子接线图，主要分以下 5 个部分：

图 1-66　温控器外形图

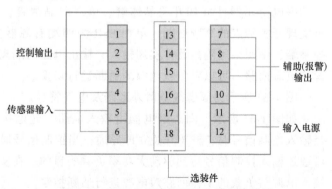

图 1-67　E5CC 温度控制器的端子接线图

1）传感器输入：用于输入温度等模拟量信号，应注意传感器、模拟量信号类型的不同接线。

2）辅助（报警）输出：当温度满足预设超限报警条件时，报警辅助输出报警信号给 PLC。

3）输入电源：电压范围是 AC 100～240V。

4）控制输出：分继电器输出 RX、电压输出 QX 和电流输出 CX 三种信号类型。

5）选装件：选择其他事件的输入，如 EV1、EV2 触点开关量信号，RS-485 通信信号等。

2. 温度变送器

在温度自动控制系统中，温度信号的采集与测量非常重要。温度变送器是将测温元件测量信号转换为标准电信号或以通信协议方式输出信号，外形及接线示意图如图 1-68、图 1-69 所示。

图 1-68  温度变送器外形图

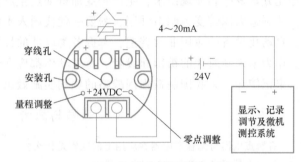

图 1-69  温度变送器接线示意图

温度测量主要采用热电偶、热电阻作为测温元件，测量信号输送到变换器模块，经过稳压滤波、运算放大、非线性校正、V/I 转换、恒流及反向保护等电路，转换成与温度成线性关系的 4～20mA 电流信号、0～5V/0～10V 电压信号或 RS 485 数字信号输出。

3. 电动调节阀

电动调节阀对阀门的开度控制是连续可调的，不是简单打开、关闭控制。常用的电动调节阀有直通单阀座、直通双阀座。电动调节阀具有体积小、重量轻、接线简单及精度高等特点，广泛应用于电力、石油、化工和冶金等行业的工业过程自动控制系统中。

电动调节阀主要由执行机构、阀体两大部分组成，其外形图如图 1-70 所示。电动调节阀可以根据模拟量信号的大小，通过执行机构控制阀门的开度，从而达到对介质流量、压力和液位等的调节。

电动调节阀的执行机构主要由控制器、伺服电动机、功率驱动、传动部分和输出轴等组成。图 1-71 所示为电动调节阀执行机构的工作原理框图，分别由控制器、伺服电动机、减速器、调节阀和位置反馈等构成闭环控制系统。其工作原理是：控制器接收 0～10mA 或 4～20mA 的模拟量控制信号，通过功率驱动伺服电动机，将其转换为与模

图 1-70  电动调节阀外形图

拟量相对应的直线位移，推动下部的调节阀体动作，直到伺服电动机输出轴稳定在位置反馈与模拟量控制信号相一致的位置上。

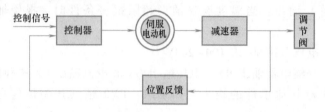

图 1-71　电动调节阀执行机构的工作原理框图

## 春风细语

　　自全球新冠疫情暴发以来，我国在抗击疫情的战役中发挥了非常重要的作用，制造大国的优势充分地发挥和显现出来，生产企业加班加点生产各类防疫物资，支援世界各国的抗疫之战。从制造大国转变为制造强国，需要一代代国人不懈地努力和奋斗。在各类生产制造过程中，自动化设备的应用非常普遍，掌握各类电器的性能特点、使用方法及应用场景等尤为重要。作为未来新时代的祖国建设者，每位学生都应在学校学习阶段。打好专业基础，不忘初心、牢记使命，为我国制造强国战略的顺利实施做出一份贡献。

## 习题与思考

1-1　有触点电器与无触点电器在应用上的区别是什么？

1-2　开关电器设备通常采取哪些灭弧措施？

1-3　简述下列电器的作用，并绘出电器的图形符号和文字符号：
①熔断器；②按钮；③交流接触器；④热继电器；⑤时间继电器；⑥速度继电器。

1-4　简述低压电器的防护等级及标识方法。

1-5　低压断路器有哪些脱扣装置？各起什么作用？

1-6　如何选择熔断器？

1-7　交流接触器与直流接触器在结构上有什么不同？

1-8　接近开关的作用有哪些？

1-9　电磁型电器由哪几部分构成？其结构形式有哪些？

1-10　如何选择交流接触器？

1-11　交流接触器铁心上的短路环起什么作用？若此短路环断裂或脱落，会出现什么现象，为什么？

1-12　过电流继电器的作用是什么？其返回系数如何计算？

1-13　时间继电器有哪些类型，如何选择使用？

1-14　简述电动调节阀的工作原理。

1-15　速度继电器的作用是什么？

1-16　温度控制器的主要功能是什么？

1-17　温度变送器的作用是什么？

# 第二章 电气控制电路设计基础
## CHAPTER 2

# 电气控制电路设计基础

**知识目标**：熟悉绘制电气系统图的原则，掌握电动机控制电路的设计方法。

**能力目标**：能绘制、识读电气系统图，进行电气控制电路工作原理的分析，具备电气设备及线路的安装接线、运行调试以及故障检修等实践技能。

电气控制系统是依据某种生产工艺流程的控制要求，实现运行设备的控制、运行监视、数据检测等功能，保障电气设备安全、可靠运行的控制电路。在自动化控制系统中，传统的电气控制系统为继电器-接触器式控制系统，其电路主要由继电器、接触器等元器件组成，在电机拖动、机床控制电路中应用广泛。对于较为复杂的控制，一般采用基于 PLC 的电气控制系统。本章主要介绍电气控制系统的基础知识，并以继电器-接触器式控制系统为例，讲解电机拖动控制的设计及实现方法，为进一步学习 PLC 应用系统的设计打下基础。

# 第一节　电气系统图

**学习目标**：熟悉电气控制电路的设计原则，能识读电气系统图，掌握电气控制电路设计的基础知识，具备电气控制电路安装接线的基本技能。

电气系统图依据电气控制电路的工作原理，可实现某种特定的控制功能或者某项综合性较强的控制任务。它是由电器元件、电气设备等组成，并将其连接关系用图形、文字符号的形式表达出来。电气系统中的电器元件及设备的类型非常庞杂，在电气系统图中采用了不同的图形符号和文字符号加以区别，以确保电气设备的唯一性，不仅便于设计者进行电气图样的设计，也便于现场技术人员阅读和理解系统图样中电路的工作原理及功能，从而完成电气设备的安装接线、故障分析及排查、运行检修及维护等工作。

在电气系统图中，电器元件必须使用国家统一规定的图形符号和文字符号。目前推行的最新标准是国家标准局颁布的 GB/T 4728—2008～2018《电气简图用图形符号》、GB/T

6988—2008《电气技术用文件的编制》。

在电气系统图中用来表示设备、元器件或概念的图形称为图形符号，字符或标记称为文字符号，包括一般符号、符号要素和限定符号等。文字符号适用于电气技术领域中的文件编制，分为基本文字符号和辅助文字符号，与图形符号相互印证，确定电器的名称。文字符号标注在图形符号上方或近旁，以标明它们的功能、状态和特征，如"SP"表示压力传感器，"YB"表示电动制动器，"ON"表示接通等。表2-1为常用电器的图形符号和文字符号。

电气系统图中描述的主要对象是导线、电器元件和设备等，导线可以用单线法或多线法表示，电气元件可以采用集中表示法、半集中表示法或分开表示法。图2-1a所示为单根导线的表示方法，图2-1b、c为多根导线的表示方法，电动机端子特定标记、导线配色如图2-1d所示。

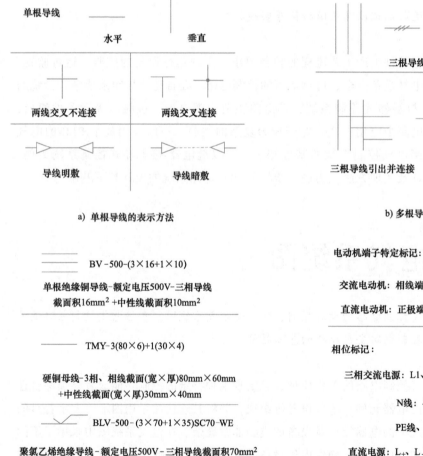

图 2-1　导线的表示及电气设备端子特定标记

表 2-1　常用电器的图形符号及文字符号

| 名称 | | 图形符号 | 文字符号 | 名称 | | 图形符号 | 文字符号 |
|---|---|---|---|---|---|---|---|
| 单极控制开关 | | | SA | 按钮 | 常开(动合)按钮 | | SB |
| 三极刀开关 | | | QS | | 常闭(动断)按钮 | | SB |
| 负荷开关 | | | QS | | 复合按钮 | | SB |
| 组合旋转开关 | | | QS | 行程开关 | 常开(动合)触点 | | SQ |
| 低压断路器 | | | QF | | 常闭(动断)触点 | | SQ |
| 接触器 | 线圈 | | KM | | 复合触点 | | SQ |
| | 常开主触点 | | KM | 电磁制动器 | | | YB |
| | 常闭辅助触点 | | KM | 电磁铁 | | | YA |
| | 常开辅助触点 | | KM | 照明灯 | | | EL |
| 热继电器 | 热元件 | | FR | 闪光型信号灯 | | | HL |
| | 常闭辅助触点 | | FR | 三相笼型感应电动机 | | | M |
| 电流继电器 | 欠电流线圈 | | KA | 他励直流电动机 | | | M |

（续）

| 名称 | | 图形符号 | 文字符号 | 名称 | | 图形符号 | 文字符号 |
|---|---|---|---|---|---|---|---|
| 电流继电器 | 过电流线圈 | $I>$ | KA | 熔断器 | | | FU |
| | 常开触点 | | KA | 自耦变压器 | | | TA |
| 电压继电器 | 欠电压线圈 | $U<$ | KV | 时间继电器 | 通电延时线圈 | | KT |
| | 过电压线圈 | $U>$ | KV | | 断电延时线圈 | | KT |
| | 常开触点 | | KV | | 延时闭合常开触点 | | KT |
| | 常闭触点 | | KV | | 延时断开常开触点 | | KT |
| 速度继电器常开触点 | | $n$ | KS | | 延时断开常闭触点 | | KT |
| 压力继电器常开触点 | | $P$ | KP | | 延时闭合常闭触点 | | KT |
| 电压互感器 | | | TV | | 瞬时常开触点 | | KT |
| 电流互感器 | | | TA | | 瞬时常闭触点 | | KT |

　　在实际应用中，电气系统的控制任务及功能要求是多样化的，电气设备的类型是庞杂的，在电气控制工程项目的实施过程中，设计者需要提供不同功能特点的电气系统图，以便于工程技术人员阅读理解，并依据工程图样进行设备安装接线、运行调试以及设备维护检修等工作。电气系统图主要包括电气系统框图、电气原理图、电器元件布置图、电气安装接线图。

　　对于复杂的电气系统，为了清晰地反映电气控制系统的整体工作概况，采用电气系统框图来表明系统各主要功能模块之间的作用及连接关系，并基于方框符号、注释等方法，使读者能够很快熟悉电气控制系统运行的全貌，了解各组成部分之间的功能关系。

## 一、电气原理图

电气原理图

电气原理图采用电气图形符号、文字符号等，表达了电气系统中各电器元件之间的相互作用及逻辑关系。电器元件的各部分多以分开表示法绘制，便于更清晰地说明电路的工作原理。

电气原理图阐明了系统的工作原理及功能，可为系统的故障检修提供帮助，同时为设计者下一步绘制电器元件布置图及电气安装接线图提供了依据，因此电气原理图在设计及生产现场得到了广泛应用。

电气原理图包括边框线、图框线、标题栏和会签栏等，由边框线围成的幅面为图纸幅面，其尺寸分 A0~A4 共 5 类，图纸幅面尺寸见表 2-2，图纸幅面布置如图 2-2 所示。

表 2-2　图纸幅面尺寸　　　　　　　　　　　　　　（单位：mm）

| 幅面代号 | A0 | A1 | A2 | A3 | A4 |
|---|---|---|---|---|---|
| 宽×长 | 841 ×1189 | 594×841 | 420×592 | 297×420 | 210×297 |
| 留装订边宽 | 10 | 10 | 10 | 5 | 5 |
| 不留装订边边宽 | 20 | 20 | 10 | 10 | 10 |
| 装订侧边宽 | 25 | | | | |

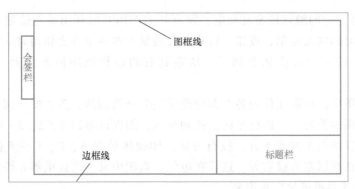

图 2-2　图纸幅面布置图

图 2-3 所示为某机床的电气原理图，下面以此图为例，说明电气原理图的绘制原则。

1）电气原理图分主电路和辅助电路两部分。

① 主电路是指从电源到负载的工作电路。主电路一般用粗实线绘制在图纸左边。

② 辅助电路包括控制回路、信号电路和保护电路等。电路一般由按钮、继电器线圈与触点、接触器线圈与辅助触点、行程开关触点以及信号灯等组成，辅助电路用细实线绘制在图纸右边。

2）电气原理图中各电器元件统一采用国家标准规定的图形符号、文字符号。属于同一元器件的线圈和触点，要用同一文字符号表示。当使用相同类型的元器件时，可在其文字符号后面加注阿拉伯数字序号来区分，如图 2-3 所示的接触器 KM1、KM2。

3）同一电器元件的各个部件可以不绘制在一起。如电器元件的导电部件线圈、触点的位置，按便于说明电路原理、逻辑关系的原则进行绘制。

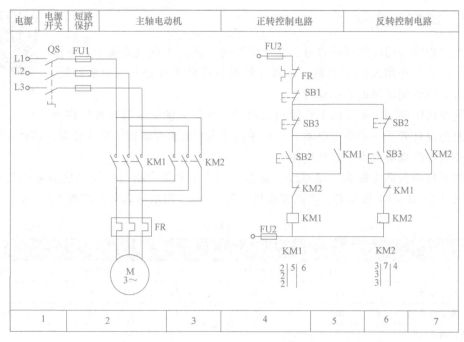

图 2-3　某机床电气原理图

4）所有电器元件的触点按没有通电、没有外力作用时的开闭状态绘制。如继电器、触点按线圈未通电时的状态绘制，按钮、行程开关的触点按不受外力作用时的状态绘制。

5）各电器元件一般应按从上到下，从左到右的动作顺序依次排列，可水平或垂直布置。

在电气原理图中，电器元件的各个部分通常是分开绘制的，为了便于阅读和查找某一电器元件，需要对图面按列、行进行分区。按列分区，图面区域以 1、2、3…等阿拉伯数字为图区编号，标注在图纸上方或下方；按行分区，图面区域以 A、B、C…等拉丁字母为图区编号，标注表示在图纸左方或右方。这样在电气原理图中某一图区电器元件的位置就可以用"字母+数字"的代号准确地表示出来。

为了便于查找某一电器元件各部分的具体位置，在其线圈所处的列区下方标注出对应各部分所在的区号。如接触器的触点位置表示如图 2-4a 所示，分左、中、右三栏；而继电器的触点位置如图 2-4b 所示，分为左栏、右栏。在图 2-3 中，接触器 KM1 触点位置的三栏内容分别为 2、5、6，表示接触器的主触点在 2 区，常开触点在 5 区，常闭触点在 6 区。

| 左栏 | 中栏 | 右栏 |
| --- | --- | --- |
| 主触点所在图区 | 辅助常开触点所在图区 | 辅助常闭触点所在图区 |

a) 接触器触点位置表示

| 左栏 | 右栏 |
| --- | --- |
| 常开触点所在图区 | 常闭触点所在图区 |

b) 继电器触点位置表示

图 2-4　电器触点位置表示

图 2-3 中上方的文字注释部分用于表明对应下方电器元件的作用或电路的功能，可帮助

技术人员更好理解电路的工作原理。

## 二、电器元件布置图

电器元件布置图将电气原理图采用的电器元件依据现场安装条件及要求进行了规范的安装布置，如图 2-5 所示，表明了电器设备在机械设备上或电气控制柜（盘、台）中实际安装的位置，为电器设备的安装、设备查找和检修维护等提供必要的技术资料。电器元件布置图主要有电器总体布置图、控制柜与控制板布置图、操纵台与悬挂操纵箱电器设备布置图等。

电器元件的安装位置根据现场实际工作的要求确定，一般电器元件应安装在控制柜内，电动机与被拖动的机械部件布置在一起，行程开关设计在获取动作信息的位置，操作控制元件放置在操作台、悬挂操纵箱等布置在人员操作方便的地方。电器元件布置图的绘制原则如下：

1）体积大和较重的电器元件应安装在电器板的下面，发热元件应安装在电器板的上面。

2）强电、弱电分开布置，并注意屏蔽，防止外界干扰。

3）电器元件的布置应考虑整齐、美观、对称，将外形尺寸与结构类似的电器安装在一起。

4）需要经常维护、检修、调整的电器元件安装位置不宜过高或过低。

5）电器元件布置不宜过密，各电器元件之间（上、下、左、右）应保持一定的间距，并且应考虑器件的发热和散热因素，配线若采用板前走线槽方式，应适当加大各排电器间距，便于布线、接线和检修。

在图 2-6 所示的电器元件布置图中，设计布置了电气控制系统的电源进线、接触器、熔断器、端子排等在电气安装板上的相对位置，为下一步电气安装接线做好准备。

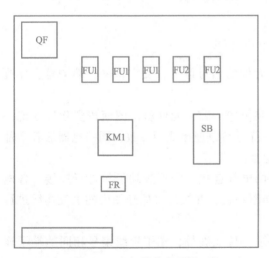

图 2-5　电气元件布置图

图 2-6　电器元件布置实物图

## 三、电气安装接线图

电气安装接线图是根据电气设备和电器元件的实际位置、配线方式和安装要求等绘制的技术图样，是电气控制系统电器元件之间进行电气连接的基本依据。在实际应用中便于电器元件及设备的安装配线、检修维护以及故障分析等。在国家标准 GB/T 6988.1—2008《电气技术用文件的编制　第1部分：规则》中详细规定了绘制电气安装接线图的原则。

如图 2-7 所示，电气安装接线图应清晰地表示出各个电器元件和设备的相对安装位置，电气线路敷设位置、设备之间的电气连接关系，以及外部接线所需导线的数目等。在安装接线图中，电器元件的文字符号、端子号、导线号、导线类型和导线截面积等要与电气原理图相一致。电气安装接线图的绘制原则如下：

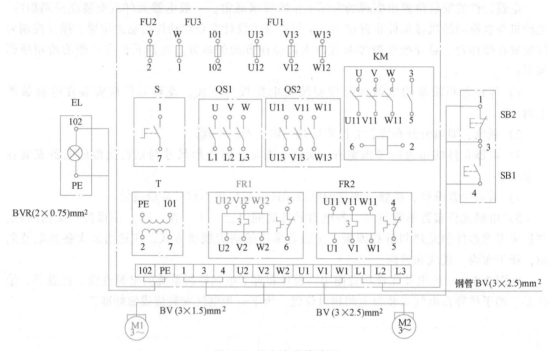

图 2-7　电气安装接线图

1）在电气安装接线图中，一般要标注电器元件的相对位置、文字符号、端子号、导线类型及导线截面积等。

2）各电器元件在图中的位置应与实际的安装位置一致，元件所占图面按实际尺寸统一比例绘制。各电器元件用规定的图形符号、文字符号与原理接线图一致，同一电器的各个部分必须画在一起，并符合国家标准，便于对照检查。

3）不在同一控制柜或配电屏上的电器元件的电气连接必须通过端子排进行连接。各电器元件的文字符号及端子排的编号应与电气原理图一致，并按电气原理图中的电气连线进行连接。

4）各电器元件需要接线的端子都应绘出并进行接线编号，端子接线编号相同的端子连接在一起，且端子编号必须与电气原理图的导线编号一致。

5）走向相同的多根导线可用单线表示，注意区别板前走线、板后走线的不同情况。接线图中的导线有单根导线、导线组和电缆之分，可用连续线或中断线表示。导线走线相同时采用合并的方式，用线束表示，接入到接线端子 XT 或电器元件时再分别绘出。

6）对于简单部件，电器元件数量较少，接线关系不复杂的线路，可以直接画出元件间的连线。对于复杂部件，电器元件数量多，接线较复杂的线路一般采用走线槽，只需在各个电器元件上标出接线号，不必标出各电器元件的连接。

### 四、电气控制系统的安装施工

电气原理图、电器元件布置图和电气安装接线图设计完成后，即可进行系统的安装接线的施工阶段。在进行电气线路安装时，一般要遵循以下步骤：

1）识读电气原理图，明确电气线路所用的电器元件，熟悉电气线路的工作原理。

2）根据电器元件明细表配齐正确规格参数、数量的电器元件，并确认元件完好无损。

3）选择合适的安装面板和控制板，按电器元件布置图的要求，在控制板上将相应的电器元件固定，并标注相应电器的文字符号。

4）根据负载的容量选择适当的导线，一般控制线路的导线为截面积 $1mm^2$ 的铜芯线，按钮线截面积为 $0.3mm^2$，接地线截面积不小于 $1.5mm^2$。

5）将导线两端用套管套上，并标注与电气原理图相一致的编号。

6）安装电动机时，先连接电动机和所有电器元件金属外壳的保护接地线，再将电源等外部接线连接好。

7）自检、交验，通电试运行。电气控制系统的施工是一项繁琐、细致的工作，在实施过程中，如对设计图样有疑问，需及时联系相关技术部门沟通解决，以免造成不必要的失误，影响系统运行效果。

# 第二节　三相异步电动机控制电路

**学习目标**：掌握电动机典型控制电路的基本设计方法，具备电气线路安装接线、运行调试以及故障排查的实践技能。

三相异步电动机具有结构简单、重量轻、运行性能可靠以及适应性强等优点，主要运用于驱动各种通用机械设备，如压缩机、水泵、破碎机、切削机床和运输机械等。在电机拖动控制系统中，三相异步电动机以其较高的拖动效率得到了广泛的应用。

电机正反转
电路设计

三相异步电动机控制电路根据各种生产机械的工作性质和控制工艺流程，配合不同的电器元器件进行电路设计，满足电动机不同控制功能的要求，并确保电动机安全、可靠地运行。电动机的运行方式主要有点动运行、单向连续运行、正反转运行，以及位置控制、顺序控制等。本节主要介绍典型三相异步电动机的控制原理和控制电路的设计方法。

### 一、三相异步电动机降压起动

大功率的电动机由于全压起动电流较大，影响其他负载的正常运行，机械设备也无法承受电动机起动的冲击转矩。为了降低起动电流，利用起动设备将电源电压适当降低后，接入到电动机定子绕组，待电动机转速升高，再将电压恢复至电动机工作的额定电压，三相异步电动机的这种起动方法称为降压起动。三相异步电动机常用的降压起动包括定子绕组串电阻降压起动、丫-△降压起动、自耦变压器降压起动、边延三角形起动。

1. 定子绕组串电阻降压起动

三相异步电动机定子绕组串接起动电阻可以减小起动电流，使定子绕组起动电压降低，起动过程结束后再将电阻短接，电动机在额定电压下正常运行。这种起动方式不受电动机接线形式的限制，控制接线简单、经济实用，缺点是电阻损耗大，不适合频繁起动的场合。

电动机定子绕组串电阻降压起动控制电路如图 2-8 所示。其工作原理是：合上电源开关QS，按下起动按钮 SB2，接触器 KM1 线圈得电并自锁，KM1 主触头闭合，电动机定子绕组串入电阻 $R$，开始降压起动；同时时间继电器 KT 线圈得电，延时时间到，KT 延时常开触点闭合，接触器 KM2 线圈得电，KM2 主触头闭合将起动电阻 $R$ 短接，同时 KM2 常闭触点断开，将接触器 KM1 线圈通电回路断开，实现互锁，此时电动机进入全压正常运行。

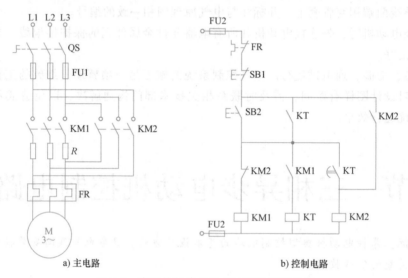

a) 主电路      b) 控制电路

图 2-8　定子绕组串电阻降压起动控制电路

2. 丫-△降压起动

丫-△降压起动是一种简单的降压起动方式。在电动机起动时，先将定子绕组联结星形联结方式，待电动机起动结束后，再接为三角形联结。在这种方式下起动，电动机的起动电流只有全电压起动电流的1/3，减轻了对电网的冲击，适于频繁操作，缺点是电动机起动力矩较小。

丫-△降压起动控制电路如图 2-9 所示，其中图 2-9a 为主电路。

1）按钮、接触器控制丫-△降压起动控制电路如图 2-9b 所示。其工作原理是：按下起动按钮 SB2，接触器 KM1、KM2 线圈得电，KM1、KM2 主触头均闭合，电动机丫接起动。电动机转速接近额定转速时，按下按钮 SB3，接触器 KM2 线圈失电、KM3 线圈得电并自锁，电动机切换为△接运行状态。

2）时间继电器控制丫-△降压起动控制电路如图 2-9c 所示。其工作原理是：按下起动按钮 SB2，接触器 KM1、KM2 线圈得电，KM1、KM2 主触头均闭合，电动机丫接起动，时间继电器 KT 线圈得电。经延时一段时间后，KT 延时常闭触点断开，延时常开触点闭合，接触器 KM2 线圈失电，KM2 主触头断开，此时接触器 KM3 线圈得电，KM3 主触头闭合并自锁，电动机由丫接切换为△接运行状态。

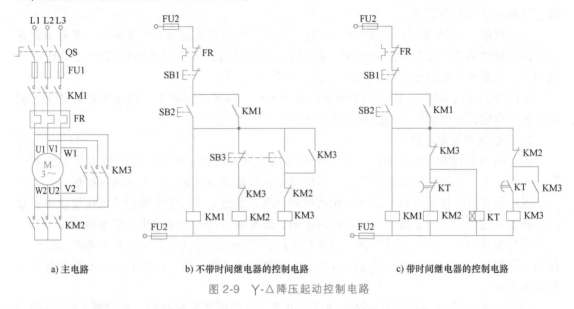

a) 主电路　　　　b) 不带时间继电器的控制电路　　　　c) 带时间继电器的控制电路

图 2-9　丫-△降压起动控制电路

## 二、三相异步电动机的制动控制

### 1. 能耗制动控制电路

能耗制动是在切断电动机三相交流电源后，给电动机定子绕组增加一个直流电源，以产生静止磁场，起到阻止电动机旋转的作用，从而达到电动机制动的目的。

电动机制动过程采用时间控制，控制线路简单、经济实用。图 2-10 所示为时间控制的单向能耗制动控制电路，其制动过程如下：

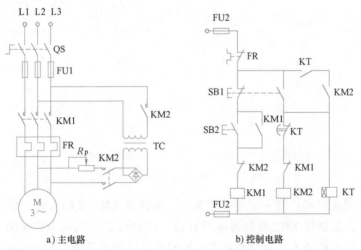

a) 主电路　　　　　　b) 控制电路

图 2-10　单向能耗制动控制电路

电动机处于运行状态时，若按下停止按钮 SB1，接触器 KM1 线圈失电，其常闭触点闭合，接触器 KM2、时间继电器 KT 线圈均得电并自锁。此时，接触器 KM2 主触头闭合，将直流电源接入电动机定子绕组，开始进行能耗制动。待时间继电器 KT 延时时间到，其延时常闭触点断开，接触器 KM2 线圈失电，其主触头断开，切断接入电动机定子绕组的直流电源，电动机能耗制动结束。

与此同时，接触器 KM2 的辅助常开触点断开，时间继电器 KT 线圈失电，其瞬动常开触点断开自锁回路，避免 KT 线圈断线或机械卡住故障时，无法断开接触器 KM2 的线圈通电回路，导致电动机定子绕组长期接入直流电源。

电路中的可调电阻 $R_p$ 用于调节制动电流的大小，制动电流越大，制动转矩就越大，制动电流一般调试为电动机空载电流的 3~5 倍。

2. 反接制动控制电路

反接制动是利用改变电动机三相交流电源的相序，使定子绕组产生相反方向的旋转磁场，从而产生制动转矩的制动方法。反接制动通常以电动机转速为参考量进行控制。

反接制动时，转子与旋转磁场的相对速度较高，致使定子绕组中流过的反接制动电流较大。在实际应用中，为了减小冲击电流的影响，通常在电动机主电路中串接限流电阻。

反接制动的特点是：制动迅速、制动效果好，但冲击电流大，易损坏传动部件，因此反接制动适用于 10kW 以下的小容量电动机，且制动要求迅速、系统惯性不大，不经常起动与制动的设备。

图 2-11 所示为电动机单向反接制动控制电路。电动机正常运行时，接触器 KM1 线圈得电，电动机转速较高，速度继电器常开触点 KS 已闭合，为电动机反接制动做好准备。

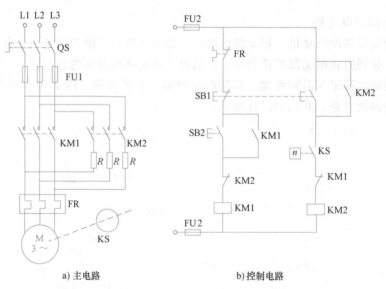

a) 主电路          b) 控制电路

图 2-11　单向反接制动控制电路

电动机反接制动过程：按下停止按钮 SB1，接触器 KM1 线圈失电，电动机定子绕组断开三相交流电源，接触器 KM2 线圈得电并自锁，电动机定子绕组串接电阻，并接入反相序三相交流电源，电动机进入反接制动状态，电动机转速开始下降，但电动机因惯性仍以较高速度旋转，速度继电器 KS 常开触点仍保持闭合。当电动机转速降低并接近 100r/min 时，速度继电器 KS 常开触点断开，接触器 KM2 线圈失电，其主触头断开，电动机停转，反接制动过程结束。

### 三、其他典型控制环节

#### 1. 多地控制电路

电动机的多地控制是指在两地或多地控制同一台电动机的控制方式。在大型生产设备上，为使操作人员在不同位置均能进行起停操作，通常需要设计电动机的多地控制电路。

图 2-12 所示为两地控制电路，其中 SB3、SB1 为安装在甲地的起动按钮和停止按钮，SB4、SB2 为安装在乙地的起动按钮和停止按钮。控制电路的设计特点是：将起动按钮并联在一起，停止按钮串联在一起，以分别在甲、乙两地控制同一台电动机，实现不同地方、不同人员对电动机进行控制操作的目的。对于三地或多地控制，只需将各地的起动按钮并联、停止按钮串联至电路中即可。

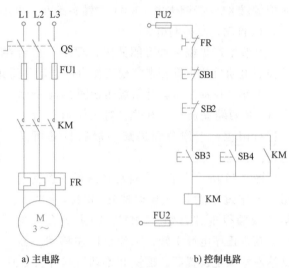

a) 主电路　　　b) 控制电路

图 2-12　两地电动机控制电路

#### 2. 联锁控制

联锁控制是指生产工艺流程中某些操作或设备的运行具有互相制约、互相配合的控制关系。例如，磨床要求先起动润滑油泵，然后再起动主轴电动机；龙门刨床在工作台移动前，导轨润滑油泵要先起动；铣床的主轴旋转后，工作台方可移动等。电动机的联锁控制应用相当广泛。

顺序工作控制电路有电动机顺序起动、同时停止控制电路，顺序起动、顺序停止控制电路，以及顺序起动、逆序停止控制电路等。实际应用中可依据不同控制任务的要求进行设计。

图 2-13 所示为两台电动机联锁控制电路。在图 2-13b 中，当按下按钮 SB2 时，接触器 KM1 线圈得电，KM1 主触头闭合，电动机 M1 起动运行，接触器 KM1 常开触点闭合，做好电动机 M2 起动的准备。当按下按钮 SB4 时，接触器 KM2 线圈得电，KM2 主触头闭合，电动机 M2 起动。

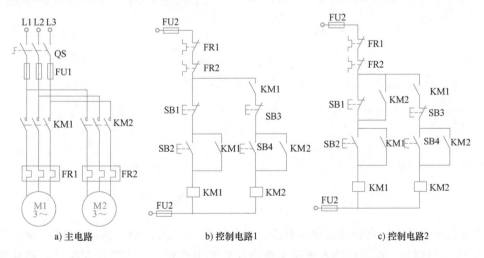

a) 主电路　　　b) 控制电路1　　　c) 控制电路2

图 2-13　两台电动机的联锁控制电路

电动机 M1、M2 起动控制顺序由电路的功能设计来决定。停止时，按下同时停止按钮 SB1，两台电动机同时停止，或按下按钮 SB3，电动机 M2 可以单独停止。

图 2-13c 所示为两台电动机顺序起动、逆序停止控制电路。起动顺序是：电动机 M1 起动、然后电动机 M2 起动；停止时，先按下按钮 SB3，断开接触器 KM2 线圈通电回路，KM2 主触头断开，电动机 M2 先停止，与按钮 SB1 并联 KM2 常开触点亦断开，再按下按钮 SB1 使接触器 KM1 线圈失电，KM1 主触头断开，电动机 M1 停止运行。

3. 自动往复控制电路

某些生产机械（如万能铣床）要求工作台在一定范围内能自动往返。通常利用行程开关控制电动机的正反转来实现工作台的自动往返运动。

工作台自动往返运动示意图如图 2-14 所示，电动机带动工作台在 A、B 两地往复运行，在 A、B 两端安装行程开关，对工作台运行位置进行限位，工作台到达某一端后自动折返运行。

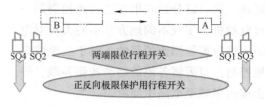

图 2-14　工作台自动往返运动示意图

图 2-15 所示为工作台自动往返行程控制电路，工作过程为按下起动按钮 SB2，接触器 KM1 线圈得电并自锁，KM1 主触头闭合，电动机接入正序电源正转，工作台向左移动，当到达左移预定位置后，挡铁 B 推动行程开关 SQ2，使 SQ2 常闭触点断开，接触器 KM1 线圈失电，而行程开关 SQ2 常开触点闭合，使接触器 KM2 线圈得电，KM2 主触头闭合，电动机接入负序电源后反转。

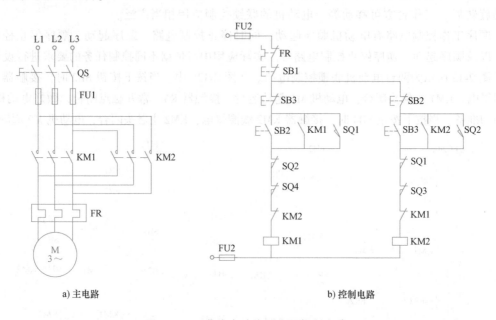

a) 主电路　　　　　　　　　　　　b) 控制电路

图 2-15　工作台自动往返行程控制电路

工作台向右移动，当到达预定位置后，挡铁 A 压下 SQ1，使接触器 KM2 线圈失电，接触器 KM1 线圈得电，电动机接入正序电源由反转变为正转，工作台向左移动。如此周而复始地自动往返工作。

当按下停止按钮 SB1 时，电动机停转，工作台停止移动。若因行程开关 SQ1、SQ2 失灵，则由极限保护行程开关 SQ3、SQ4 实现保护，避免运动部件因超出极限位置而发生事故。

# 第三节　电气控制电路设计案例

**学习目标**：通过电动机应用设计的应用操作，掌握识读电动机控制电路的原理图、电器布置图及安装接线图的方法，具备电器设备的选型、安装接线以及运行调试等操作能力。

## 一、电气控制设计任务要求

某工厂要安装两台风机电气控制柜。要求一台风机起动后，另一台风机才能起动，停止时，两台风机同时停止，设置短路、过载、欠电压和失电压保护。两台风机电动机的型号都为 YS6324，额定电压为 380V，额定功率为 180W，额定电流为 0.65A，额定转速为 1440r/min。

要求完成两台风机运行控制电路的安装接线、调试，并能进行故障的排查。

## 二、电气控制系统设计步骤

（1）任务分析　结合控制功能及工艺要求，设计电动机顺序控制原理图。如图 2-16 所示，主电路由两台接触器实现电动机起停控制、控制回路。关于电路保护，由熔断器实现短路保护功能，由热继电器实现过载保护功能，由接触器实现失电压保护功能。

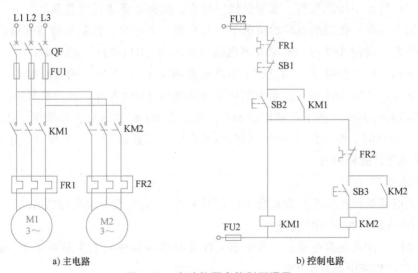

a) 主电路　　　　b) 控制电路

图 2-16　电动机顺序控制原理图

（2）电器元器件的选型　依据电器设备的选择原则，选择电器型号，见表 2-3。

表 2-3　电器设备明细表

| 序号 | 名称 | 电气符号 | 型号 | 规格 | 数量 |
|---|---|---|---|---|---|
| 1 | 三相交流电动机 | M | YS6324 | 380V,180W,0.65A,1440r/min | 2 |
| 2 | 低压断路器 | QF | DZ47-63 | 380V,25A | 1 |
| 3 | 熔断器 | FU1 | RL1-60/25A | 500V,60A,配25A熔体 | 3 |
| 4 | 熔断器 | FU2 | RT18-32 | 500V,10A,配2A熔体 | 2 |
| 5 | 交流接触器 | KM | CJX-22 | 额定电压380V,电流20A | 2 |
| 6 | 热继电器 | FR | JR16-20/3 | 三相,20A,整定电流1.55A | 2 |
| 7 | 按钮 | SB | LA-18 | 额定电压220V,额定电流5A | 3 |
| 8 | 端子排 | XT | TB1510 | 500V,15A | 1 |

（3）选用工具、仪表及导线

1）工具：螺钉旋具、尖嘴钳、斜口钳及剥线钳。

2）仪表：万用表。

3）依据电动机额定电流选择导线若干。

（4）电气控制电路实施步骤

1）检查元器件是否完好无损。

2）依据电动机控制原理图绘制电器元件布置图，如图 2-17a 所示。

3）安装电器，如图 2-17b 所示。

4）绘制安装接线图，如图 2-17c 所示。

5）按图进行电气接线，如图 2-17d 所示。

（5）通电前准备与设备检查

1）对照电气控制柜原理图、安装接线图检查，确保电器连接无遗漏。

2）万用表检测：在切断电源的情况下，分别测量主电路、控制电路通断是否正常。

3）未按起动按钮 SB2 时，测量控制电路电源两端（U11-V11）的通断状态。

4）按下起动按钮 SB2 后，测量控制电路电源两端（U11-V11）的通断状态。

5）按下起动按钮 SB3 后，测量控制电路电源两端（U11-V11）的通断状态。

（6）通电运行调试　按下起动按钮 SB2，电动机 M1 起动运行，再按下按钮 SB3，电动机 M2 运行；停止时，按下按钮 SB1，两台电动机同时停止运行。若有故障，依据故障现象及电路原理图进行故障排查。

（7）注意事项

1）熟悉电路的操作顺序，即先合上电源开关 QF，然后按下起动按钮 SB2，再按下起动按钮 SB3 顺序起动，按下 SB1 停止。

2）通电时，注意观察电动机、各电器元件及电路各部分的工作是否正常。若发现异常情况，必须立即切断电源开关 QF。

3）安装操作应在规定的时间内完成，注意操作规范，确保安全用电。

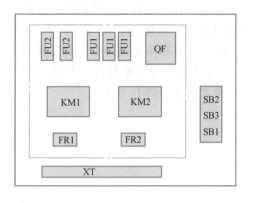

a) 电器布置图

b) 电器布置完成

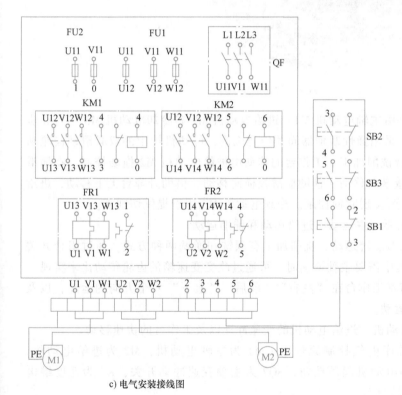

c) 电气安装接线图

d) 电器布线完成

图 2-17　电气安装接线图、实际设备图

# 第四节　机床电气控制电路

**学习目标**：通过对机床电气控制电路的分析，熟悉典型机床控制电路的工作原理及设计方法，具备电气控制设备实际操作、检修维护等实践应用能力。

机床是现代机械加工的重要设备，机床电气控制在机械设备运行中起重要的作用，能控制电动机实现正反转运行、制动和调速等功能，确保机床运动部件的准确性与协调性，从而满足工业生产的要求。本节将介绍 X62W 铣床的电气控制电路的工作原理。

X62W 铣床是通用多功能机床，主要采用圆柱铣刀、圆片铣刀和角度铣刀等不同刀具对工件进行铣削，完成平面、斜面、沟槽等机械加工。图 2-18 所示为 X62W 铣床的结构，它主要由床身、主轴、刀杆支架，悬梁、工作台、回转盘、横溜板和升降台等组成。

图 2-18　X62W 铣床的结构

X62W 铣床的运动控制是由主轴电动机 M1、进给电动机 M2 和冷却电动机 M3 三台异步电动机拖动。主轴电动机 M1 采用弹性联轴器起动传动机构，传动机构中的双联滑动齿轮啮合时，主轴旋转带动铣刀进行铣削加工。工作台的移动由进给电动机 M2 拖动控制，在横滑板转动导轨，可以使工作台做纵向移动，借助横滑板横向移动，借助升降台上下移动，进给电动机 M2 与主轴电动机 M1 要实现联锁控制。冷却电动机 M3 用于提供切削液。

X62W 铣床的运动方式主要有主运动、进给运动和辅助运动。

1）主运动是主轴带动铣刀旋转运动，铣削加工有顺铣和逆铣两种方式，通过组合开关 SA5 进行选择。铣削加工过程中需要主轴调速时，可通过改变变速箱的齿轮传动比来实现。

2）进给运动是指工件随着工作台在"左右""前后""上下"六个方向的运动，以及工件随着圆形工作台的旋转运动。

3）辅助运动包括主轴电动机、进给电动机的变速冲动以及工作台的快速移动。

图 2-19 所示为 X62W 铣床电气控制原理图。M1 为主轴电动机，M2 为进给电动机，SB1、SB2 为异地控制的主轴电动机起动按钮，SQ7 为主轴变速冲动开关，KS 为速度继电器，SA1 为圆工作台控制开关。

机床照明是由变压器 TC2 供给 36V 电源，照明灯由 SA4 开关控制。HL1～HL5 为电动机工作状态指示灯。X62W 铣床电气控制图分析如下：

1. 主轴电动机 M1 控制

1）主轴电动机的起动。先合上电源开关 QS，再将组合开关 SA5 扳到主轴所要求顺铣或逆铣的方向，再按下起动按钮 SB1（或 SB2），以下控制回路接通：电源端子①→FU3→SQ7-2 常闭触点→SB4 常闭触点→SB3 常闭触点→SB1 常开触点→KM2 常闭触点→KM3 线圈→FR1→电源端子②。

接触器 KM3 线圈得电，其辅助常开触点闭合，上述控制回路接通并自锁，KM3 主触头

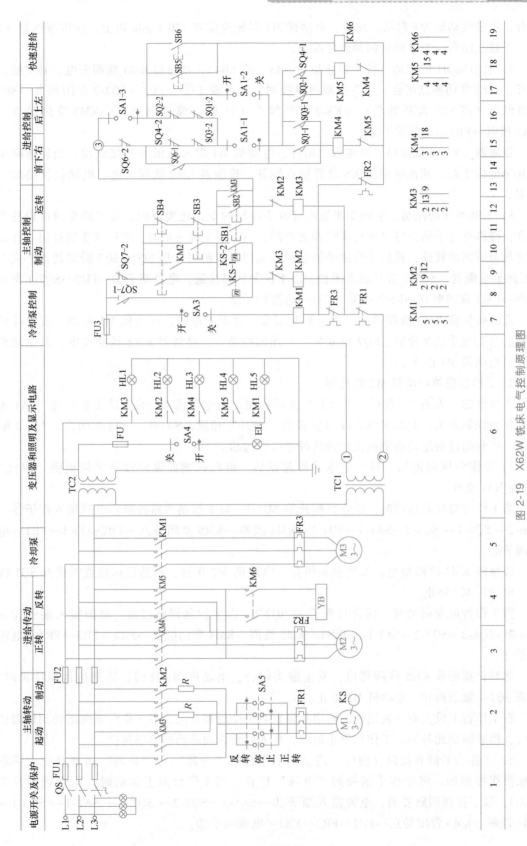

图 2-19 X62W 铣床电气控制原理图

闭合，主轴电动机 M1 起动。此时，电动机 M1 运转速度在 120 r/min 以上，速度继电器 KS 的常开触点闭合，为电动机制动做好准备。

2）电动机 M1 的制动。按下停止按钮 SB3（或 SB4），接触器 KM3 线圈失电，其主触头断开，KM3 常闭触点闭合，以下控制回路接通：电源端子①→FU3→SQ7-2 常闭触点→SB3 常开触点（或 SB4 常开触点）→KS-2 常开触点（或 KS-1 常开触点）→KM3 常闭触点→KM2 线圈→FR1→电源端子②。

接触器 KM2 线圈得电，其主触头闭合，电动机 M1 串入电阻 $R$ 反接制动。当转速降至 120r/min 以下时，速度继电器 KS 常开触点断开，接触器 KM2 线圈失电，电动机反接制动结束。

3）主轴的冲动控制。主轴变速是通过改变齿轮的变速比实现的，为保障变速齿轮易于啮合，操作变速手柄盘可以进行瞬时冲动控制，当需要主轴冲动时，将变速手柄拉出，转动变速盘至所需的转速，然后使变速手柄返回，返回过程瞬时按压 SQ7，SQ7 瞬间动作，SQ7-2 常闭触点断开，SQ7-1 常开触点闭合，以下控制回路接通：电源端子①→FU3→SQ7-1 常开触点→KM3 常闭触点→KM2 线圈→FR1→电源端子②。

此时接触器 KM2 线圈得电，其主触头闭合，并串入电阻，电动机 M1 起动，实现冲动控制。当变速手柄复位后，SQ7 也复位，上述回路断开，接触器 KM2 线圈失电，其主触头断开，电动机 M1 停止。

**2. 工作台进给电动机 M2 的控制**

工作台的"左右""前后""上下"运动控制是由电动机 M2 的正反转实现的。SA1 为圆工作台控制开关，此时需将 SA1 开关扳到"断开"位置，SA1-1 、SA1-3 闭合，SA1-2 断开，工作台的进给运动必须在主轴转动时才可以起动。

1）工作台纵向进给。当主轴电动机起动后，将机床侧面纵向操作手柄扳到"纵向"（即左右）位置。

当工作台要向右运动时，压合行程开关 SQ1-1，以下控制回路接通：电源接入端子③→SQ6-2→ SQ4-2→ SQ3-2→SA1-1→SQ1-1→KM4 线圈→KM5 常闭触点→FR2→FR3→FR1→电源端子②。

接触器 KM4 线圈得电，其主触头闭合，电动机 M2 正转，到达目标位置时松开 SQ1 按钮，电动机 M2 停止。

当工作台向左运动时，压合行程开关 SQ2-1，以下控制回路接通：电源接入端子③→SQ6-2→SQ4-2→SQ3-2→SA1-1→SQ2-1→KM5 线圈→KM4 常闭触点→FR2→FR3→FR1→电源端子②。

此时，接触器 KM5 线圈得电，其主触头闭合，电动机 M2 反转，待到达目标位置时，开关 SQ2-1 触点断开，电动机 M2 停止。

在工作台上设置有一块挡铁，两边各设置有一个行程开关，当工作台纵向运动到极限位置时，挡铁撞到此开关，工作台停止运动，从而实现纵向运动的终端保护。

2）工作台升降和横向（前后）进给。工作台的"升降"与"横向"运动是由十字形手柄操作控制的。将操作手柄扳到"升降"位置。当工作台向上运动时，压合行程开关 SQ3-1，以下控制回路接通：电源接入端子③→SA1-3→SQ2-2→ SQ1-2→ SA1-1→ SQ3-1→KM4 线圈→KM5 常闭触点→FR2→FR3→FR1→电源端子②。

此时，接触器 KM4 线圈得电，其主触头闭合，电动机 M2 正转，待到达目标位置时，开关 SQ3-1 触点断开，电动机 M2 停止。

当工作台向下运动时，压合行程开关 SQ4-1，以下控制回路接通：电源接入端子③→SA1-3→SQ2-2→SQ1-2→SA1-1→SQ4-1→KM5 线圈→KM4 常闭触点→FR2→FR3→FR1→电源端子②。

接触器 KM5 线圈得电，其主触头闭合，电动机 M2 反转。

若将操作手柄扳到"横向"，工作台可以前后运动，压合行程开关 SQ3-1，其常开触点闭合，接触器 KM4 线圈得电，其主触头闭合，电动机 M2 正转，工作台向前运动。

压合行程开关 SQ4-1，接触器 KM5 线圈得电，其主触头闭合，电动机 M2 反转，工作台向后运动，控制回路与工作台升降控制相同，这里不再赘述。

在机床实践操作中，当工作台在上、下、前、后某个方向进给时，若进行纵向进给，将造成机床运行事故，所以必须设置联锁保护。当在上、下、前、后某个方向进给时，若进行纵向任一方向的进给，则 SQ1-2 或 SQ2-2 两个开关之一被断开，接触器 KM4 或 KM5 线圈立刻失电，电动机 M2 停转，可避免机床事故的发生。

3. 进给变速冲动控制

与主轴电动机变速一样，进给电动机在变速时需要点动一下，便于齿轮进入良好的啮合状态。操作时先将十字形手柄转换开关置于中间位置，把变速盘向外拉出，将进给齿轮松开，转动变速盘，待选定进给速度后，将变速盘向里推回，使齿轮重新啮合。在推进过程中，挡铁瞬时压动行程开关 SQ6-1，以下回路接通：电源接入端子③→SQ6-2→SQ6-1→KM4 线圈→KM5 常闭触点→FR2→FR3→FR1→电源端子②。

此时接触器 KM4 线圈得电，KM4 主触头闭合，电动机 M2 点动运行，使齿轮顺利啮合。变速盘复位后，行程开关 SQ6-1 也复位，接触器 KM4 线圈失电，进给电动机冲动结束。

4. 工作台的快速移动

当工作台需要快速移动时，六个方向的快速移动通过两个进给操作手柄转换开关与快速移动按钮配合完成。选择好工作台移动方向后，按下按钮 SB5 或 SB6，以下控制回路接通：电源接入端子③→SQ6-2→SQ4-2→SQ3-2→SQ1-2→SQ2-2→SB5（或 SB6）→KM6 线圈→FR2→FR3→FR1→电源端子②。

此时接触器 KM6 线圈得电，其主触头闭合，快速进给电磁铁 YB 得电动作，通过杠杆使摩擦片结合，实现工作台的快速移动。

5. 圆工作台的控制

为了扩大机床的加工能力，在机床上安装附件圆工作台，以便进行圆弧或凸轮的铣削加工。圆工作台拖动时，停止所有进给操作，电动机 M2 带动专用轴，使圆工作台绕轴心回转，铣刀可铣出圆弧。

需要用到圆工作台时，需将工作台控制开关 SA1 扳到"接通"位置，SA1-1、SA1-3 断开、SA1-2 接通。起动圆工作台时，按下按钮 SB1 或 SB2，主轴电动机 M1 运行，以下控制回路接通：电源接入端子③→SQ6-2→SQ4-2→SQ3-2→SQ1-2→SQ2-2→SA1-2→KM4 线圈→KM5 常闭触点→FR2→FR3→FR1→电源端子②。

接触器 KM4 线圈得电，其主触头闭合，电动机 M2 运转。按下停止按钮 SB3 或 SB4，主轴电动机 M1 停转，同时端子③与电源断开，接触器 KM4 线圈失电，其主触头断开，电动机 M2 停止运行，圆工作台停止旋转。

在圆工作台转动过程中，若误操作进行了某个方向的进给，则必然会使开关 SQ1～SQ4 中的某一个常闭触点断开，使电动机 M2 停止，从而避免了事故的发生。

### 6. 冷却泵的控制

起动冷却泵，将开关 SA3 接通，以下控制回路接通：电源端子①→FU3→SA3→KM1 线圈→FR3→FR1→电源端子②接通。

接触器 KM1 线圈得电，KM1 主触头闭合，电动机 M3 运转，冷却泵起动。

### 春风细语

专业技术人员要秉承"爱国、敬业、诚信、友善"等社会主义核心价值观，认真贯彻落实在日常工作实践中。电气线路的设计、设备的安装与接线以及设备运行与调试是非常细致而繁杂的工作，专业技术人员不仅要具有扎实的专业功底，具备安全规范操作的专业素质，还应具备诚实守信、踏实认真、严谨负责的职业道德以及爱岗敬业的工作作风。认真做好每一项电气线路的设计，按设计图样安装电器设备、布线接线等，每一步都需要细致认真地完成，以确保电气控制系统正常的运行，保障电器设备与人身安全。

### 习题与思考

2-1 电气系统图绘制依据的标准是什么？

2-2 电气原理图的主要功能是什么？主要由哪些部分组成？

2-3 在电气原理图中如何查找电器元件的触点位置？

2-4 电器元件布置图的作用是什么？绘制图样有哪些基本原则？

2-5 电气安装接线图的作用是什么？图样绘制有哪些基本原则？

2-6 电气控制电路中的自锁、互锁和联锁电路的作用是什么？举例说明。

2-7 电动机的保护电路有哪些设计？作用有何不同？

2-8 在电动机控制电路中，熔断器如何选择？

2-9 在电动机的控制电路中，熔断器和热继电器能否相互代替？为什么？

2-10 什么是电路联锁控制？举例说明。

2-11 电动机的起动电流很大，起动时热继电器是否应该动作？为什么？

2-12 设计一个电气控制线路实现三相异步电动机的运行控制，电动机 M1 起动后 6s，起动第二台电动机 M2，延时 15s 后，两台电动机同时停止。

2-13 设计电动机拖动小车运行的控制电路，小车从 A 地出发到 B 地后，停车延时 15min，折返回 A 地停止 10min，然后再到 B 地，如此往复运行，中途任何地方都可以停止。

2-14 设计一个三级传送带运输机，分别由电动机 M1、M2、M3 拖动，其起动顺序为 M1、M2、M3，停止顺序为 M3、M2、M1，要求上述动作之间延时 12s，并设计必要的保护措施。

2-15 X62W 铣床主要由哪几部分构成？

2-16 X62W 铣床的主运动是什么？有哪些方式？

# 第三章 CHAPTER 3　S7-1200 PLC应用基础知识

**知识目标**：熟悉 S7-1200 PLC 硬件的基本功能及应用特点，熟悉 S7-1200 PLC 的指令功能以及程序设计、程序结构的特点，熟悉 PLC 应用设计的基本方法与步骤。

**能力目标**：能熟练运用 S7-1200 PLC 指令，掌握 TIA 博途（Portal）软件的基本操作方法，具备硬件组态、程序设计等 PLC 应用设计的实践能力。

本章主要介绍 S7-1200 PLC 硬件的技术特点、PLC 指令功能、TIA Portal 软件的基本功能及操作方法、程序设计等基础知识，为 PLC 电气控制系统的应用设计打好基础。

# 第一节　S7-1200 PLC 硬件系统

**学习目标**：掌握 S7-1200 PLC 硬件系统的应用特点、技术规范；熟悉 PLC 的工作特性、存储器应用等 PLC 硬件基础知识。

图 3-1 所示为西门子 PLC 系列产品，其中，SIMATIC 系列 S7-1200 PLC 的功能定位是面

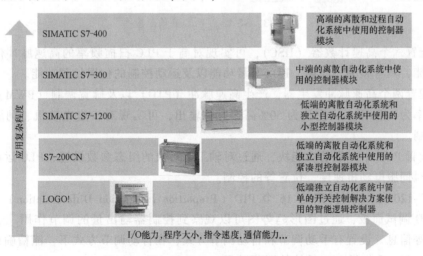

图 3-1　西门子 PLC 系列产品的功能定位

向离散自动化系统和独立自动化系统的小型主控器。S7-1200 PLC 采用模块化、紧凑型设计，功能强大、可扩展性强、灵活度高，可支持运动控制系统、过程控制系统的高级应用，能实现逻辑控制、人机界面（HMI）以及工业通信接口的网络通信等功能。

# 一、S7-1200 PLC 硬件的技术特点

S7-1200 PLC
硬件技术特点

图 3-2 所示为 S7-1200 PLC 的硬件系统，主要由 CPU 主机模块、通信模块（CM）和信号模块（SM）等组成。通信模块安装在 CPU 主机模块的左边，最多可以扩展 3 个通信模块；信号模块安装在 CPU 主机模块的右边，最多可以扩展到 8 个。

S7-1200 PLC 采用紧凑型设计，具备强大的计数、测量、闭环控制及运动控制功能，可以满足不同自动化系统控制的需求。其主要技术特点如下：

1）S7-1200 PLC 具有强大的通信功能，每个主机模块均集成了 PROFINET 接口。PROFINET 是基于工业以太网的现场总线（图 3-3），通过开放的以太网协议，可实现 PLC 与 PC、HMI 触摸屏及其他

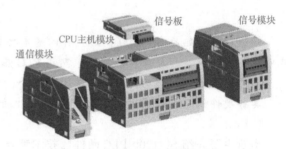

图 3-2　S7-1200 PLC 硬件系统

PLC 等设备的数据交换，通过增加不同的通信模块，可以实现 PROFIBUS、点对点和 USS 等通信。

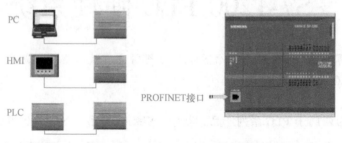

图 3-3　S7-1200 PLC 通信示意图

2）配置六个高速计数器（HSC），可实现对高于 PLC 扫描频率的高速脉冲信号的计数与测量功能，具有频率、周期、速度测量功能以及运动控制的位置检测功能。

3）配置两个高速脉冲发生器，产生高速脉冲（PTO）以及脉宽调制（PWM）信号，提供最高频率为 100kHz、占空比为 50% 高速脉冲输出，可实现对步进电动机、伺服电动机进行驱动控制。

4）配置 PLC open 运动功能块，通过对轴工艺对象的组态参数设置、PLC 运动指令的调用，实现对伺服电动机速度、位置等的控制。

5）S7-1200 PLC 支持多达 16 个 PID（Proportion Integration Differentiation）控制回路，配置了 PID 调试面板，通过图形趋势图可以观察到控制器输出量的调节作用、过程变量的变化趋势等信息。设置有手动调节和自动调节方式，在自动调节方式下，能精确计算并优化 PID 参数，大大简化了 PID 系统的调节过程。

## 二、S7-1200 PLC 的主要硬件

（1）CPU 模块　内置 CPU 主要用于完成外部信息的采集、执行程序、数据的运算、数据操作处理、数据的存储、刷新输出数据以及数据通信等功能。如图 3-4 所示，主机模块包括电源接口、存储卡插槽、接线连接器、I/O 状态指示灯以及 PROFINET 接口。如图 3-5 所示，主机模块正面安装有可拆卸的信号板（SB），如此安装大大节省了空间。

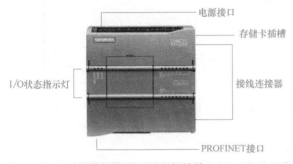

图 3-4　CPU 主机模块

图 3-5　信号板

S7-1200 PLC 的 CPU 主机模块有 CPU1211C、CPU1212C、CPU1214C、CPU1215C 和 CPU1217C 五种型号。CPU 主机模块的技术规范见表 3-1，每种型号均有 DC/DC/DC、DC/DC/RLY 和 AC/DC/RLY 三个不同的电源及输入/输出类型，用户可依据不同的需求进行选择。

表 3-1　S7-1200 PLC CPU 主机模块技术规范

| CPU 模块特性 | CPU1211C | CPU1212C | CPU1214C | CPU1215C | CPU1217C |
|---|---|---|---|---|---|
| 本机数字量 I/O 点数 | 6/4 | 8/6 | 14/10 | 14/10 | 14/10 |
| 本机模拟量 I/O 点数 | 2入 | 2入 | 2入 | 2入/2出 | 2入/2出 |
| 工作存储器/装载存储器 | 50KB/1MB | 75KB/2MB | 100KB/4MB | 125KB/4MB | 150KB/4MB |
| 信号模块扩展数 | 无 | 2 | 8 | 8 | 8 |
| 高速计数器 | 3 | 4 | 6 | 6 | 6 |
| 脉冲输出 | 100Hz | 100Hz 或 30Hz | | | 1MHz 或 100Hz |
| 上升沿/下降沿中断数 | 6/6 | 8/8 | 12/12 | 12/12 | 12/12 |
| 传感器电源输出电流/mA | 300 | 300 | 400 | | |

图 3-6 所示为 CPU1212C 端子图，CPU1212C 为 DC/DC/DC 的电源类型，配置 8 路数字量输入/输出（DI/DQ）通道，两路模拟量输入（AI）通道，集成 DC 24V 电源，供传感器/负载使用。

（2）电源模块（PM）　电源模块提供 PLC 所需的工作电源，PM1207 电源模块的输入电源为 AC 120V/230V 电源，输出可提供 DC 24V 电源。

（3）信号板（SB）　在 CPU 主机模块的正面直接增加信号板，其作用是接入外部的输入或输出信号。信号板的技术规范见表 3-2。

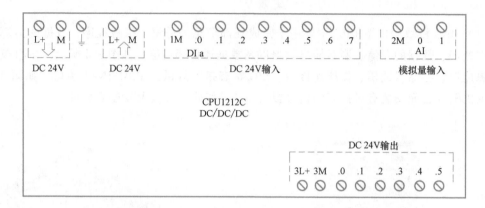

图 3-6 CPU1212C 的端子图

表 3-2 信号板的技术规范

| 特 性 | SB1221 | SB1222 | SB1223 | SB1231 | SB1232 |
|---|---|---|---|---|---|
| 数字量输入/输出 | 4/0 | 0/4 | 2/2 | 无 | 无 |
| 模拟量输入/输出 | 无 | 无 | 无 | 1(12 位)/0 | 0/2(12 位) |
| 最高计数频率/Hz | 200 | 200 | 200 | — | — |

（4）信号模块（SM）　信号模块是对输入、输出通道进行扩展的硬件电路。信号模块分为数字量信号和模拟量信号两种类型，用户可以依据实际需要进行选择。

1）数字量输入/输出模块，简称 DI/DQ 模块。DI/DQ 模块技术规范见表 3-3。

表 3-3 DI/DQ 模块技术规范

| 型 号 | 特 性 | 型 号 | 特 性 |
|---|---|---|---|
| SM1221 | 8 路输入,DC 24V | SM1222 | 8 路继电器输出(双态),2A |
| | 16 路输入,DC 24V | SM1223 | 8 路输入 DC 24V,8 路继电器输出,2A |
| SM1222 | 8 路继电器输出,2A | | 16 路输入 DC 24V,16 路继电器输出,2A |
| | 16 路继电器输出,2A | | 8 路输入 DC 24V,8 路输出 DC 24V,0.5A |
| | 8 路输出,DC 24V,0.5A | | 16 路输入 DC 24V,16 路输出 DC 24V,0.5A |
| | 16 路输出,DC 24V,0.5A | | 8 路输入 AC 220V,8 路继电器输出,2A |

2）模拟量输入/输出模块，简称 AI/AQ 模块。在自动化控制过程中，需要采集现场大量的模拟量信号，如流量、压力和温度等。某些操作机构需要用模拟量信号进行控制，而 PLC 内部只能处理数字量信号。AI/AQ 模块的主要作用是实现 A/D、D/A 转换：输入模块将外部模拟量信号转换为数字量，输出模块将 PLC 内部处理数字量转换为模拟量信号输出。AI/AQ 模块技术规范见表 3-4。

表 3-4　AI/AQ 模块技术规范

| 型　号 | 特　性 | 型　号 | 特　性 |
|---|---|---|---|
| SM1231 模拟量输入模块 | 4 路,8 路 13 位模块<br>4 路 16 位模块<br>电压输入:±10V,±5V<br>电流输入:0~20mA,4~20mA<br>双极性对应满量程:-27648~+27648<br>单极性:0~27648 | SM1232 模拟量输出模块 | 2 路、4 路模拟量输出<br>电压输出:-10~+10V,14 位<br>最小负载阻抗:1000Ω<br>电流输出:0~20mA,13 位<br>　　　　　4~20mA,13 位<br>最大负载阻抗:600Ω |
| SM1231 热电偶和热电阻模拟量输入模块 | 4 路、8 路热电偶 TC 模块<br>4 路、8 路热电阻 RTD 模块 | SM1234 模拟量输入/输出模块 | 4 路模拟量输入,2 路模拟量输出<br>电压输入:±10V,±5V<br>电流输入:0~20mA, 4~20mA<br>双极性对应满量程:-27648~+27648<br>单极性:0~27648<br>电压输出:-10~+10V,14 位<br>电流输出:0~20mA, 4~20mA, 13 位 |

（5）通信模块（CM）　S7-1200 PLC 可以依据实际通信的需要，外接不同的通信模块，以完成与外部设备的通信功能，如 CM1241RS-232，CM1241RS-485 模块。

# 三、S7-1200 PLC 的工作特性

## 1. CPU 的工作模式

CPU 有 STOP、STARTUP 和 RUN 三种工作模式，如图 3-7 所示。

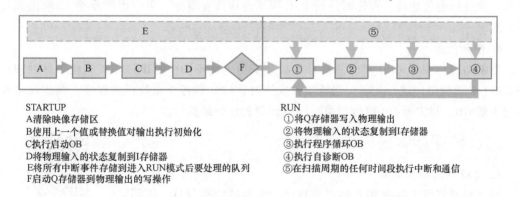

STARTUP
A清除映像存储区
B使用上一个值或替换值对输出执行初始化
C执行启动OB
D将物理输入的状态复制到I存储器
E将所有中断事件存储到进入RUN模式后要处理的队列
F启动Q存储器到物理输出的写操作

RUN
①将Q存储器写入物理输出
②将物理输入的状态复制到I存储器
③执行程序循环OB
④执行自诊断OB
⑤在扫描周期的任何时间段执行中断和通信

图 3-7　STARTUP 与 RUN 模式的区别

1）STOP 模式——CPU 不执行用户程序，过程映像区不会刷新，但 CPU 会处理所有通信请求，并进行自诊断。

2）STARTUP 模式——CPU 执行一次启动组织块（OB），对输出执行初始化，不会处理中断事件。

3）RUN 模式——读取过程映像输入，刷新过程映像的输出，执行循环程序 OB，若有多个 OB，则按照 OB 编号依次执行。若期间发生中断申请，则执行相应的中断事件。

**2. 冷启动与暖启动**

当 PLC 下载了用户程序块和硬件组态后，切换到 RUN 模式时，CPU 执行冷启动。冷启动时完成复位输入，初始化输出，复位存储器（即清除工作存储器）、非保持性存储区以及保持性存储区，并将装载存储器的内容复制到工作存储器。

PLC 冷启动后，在下一次下载程序和硬件组态之前，从 STOP 模式到 RUN 模式的切换均为暖启动。在进行组态时，CPU 可选择保持 STOP 模式，暖启动直接进入 RUN 模式，或进入断电前的工作模式，暖启动时，所有非保持的系统数据和用户数据被初始化，但不会清除保持性存储区的数据。

**3. RUN 模式下 CPU 的工作过程**

1）读外设输入：CPU 读取输入模块的信号，并传送到过程映像输入区，若用指令立即读取外部输入值，则不会刷新过程映像输入。

2）执行用户程序：读取输入后，从第一条指令开始逐条顺序执行用户程序中的指令，包括程序循环 OB 调用 FC 和 FB 的指令，直到最后一条指令。执行程序过程中，各输出点的值被保存到过程映像输出，不会写给输出模块，即使外部输入信号的状态发生了变化，过程映像输入的状态也不会随之改变。

3）写外设输出：将过程映像输出值写到输出模块并锁存起来，可以用指令立即写到外设输出值，同时刷新过程映像输出区，这一点与指令立即读输入是不同的。

当程序执行结束后，将执行结果输出刷新过程输出值，然后再读外设输入，CPU 执行程序，刷新输出，三个阶段循环反复执行。

**4. 通信处理与自诊断**

PLC 依据设定的通信协议，周期性循环扫描，接收并处理报文，或发送报文给通信请求方，并进行通信处理。自诊断是指 PLC 周期性地检查固件、用户程序及输入/输出模块运行状态。

**5. 中断处理**

中断功能体现了 CPU 对应急事件的处理能力，将不同中断事件与其相应事件处理的中断 OB（中断程序）进行关联，当该事件发生时，CPU 暂停正在执行的程序，调用该事件关联的中断 OB，待中断 OB 执行结束后，返回原程序继续执行。

# 四、物理存储器与系统存储区

**1. 物理存储器的类型**

物理存储器用于存储 PLC 运行的程序及大量的数据信息。不同类型的存储器，其使用功能不同，主要分为以下 4 种类型：

S7-1200 PLC 硬件技术

S7-1200 PLC 存储区

1）随机存取存储器（RAM）：易失性存储器，断电后存储的信息将丢失，其中的数据可以由 CPU 随机读写，改写方便，一般用于保存用户程序和数据。

2）只读存储器（ROM）：其中的数据只能读出，不能写入，是非易失性的，断电后存储的信息不会丢失，一般用于保存 PLC 的操作系统。

3）快闪存储器（FEPROM）：允许数据被多次擦或写的存储器，具有非易失性。

4）可电擦除可编程存储器（EEPROM）：带电可擦可编程只读存储器，是一种掉电后数据不丢失的存储芯片，具有非易失性，但写入时间较长，一般用于保存程序以及重要数据。

2. S7-1200 PLC 存储器

依据 PLC 程序运行的基本需要及数据存储的不同性质要求，需采用相应的物理存储器对程序及数据进行存储。PLC 存储器分为以下 4 种类型：

1）装载存储器（Load Memory）：非易失性的存储器，主要用于存储逻辑块、数据块、工艺目标及硬件配置信息。当项目下载到 PLC 时，软件及硬件设置信息均保存在装载存储器中。

2）工作存储器（Work Memory）：属于易失性存储器，是集成在 CPU 主机模块中的 RAM，不能进行扩展，用于存储逻辑块和数据块。为了提高运行速度，系统将用户程序中与程序执行有关的部分复制到工作存储器中。当 PLC 断电时，工作存储器中的内容将会丢失。

3）保持性存储器（Retentive Memory）。为了防止在 PLC 电源关闭时丢失数据，CPU 一般提供了 10KB 的掉电保持性存储器，掉电时将会对已定义的、需要掉电保护的变量以及运算域进行备份，这些数据在关机及断电后仍然保留，恢复供电时，所有非保持的位存储器被删除，非保持的数据块的内容被复位为装载存储器中的初始值，但在存储器复位、恢复出厂设置时其内容会被清除。表 3-5 给出了不同型号 CPU 模块存储区的容量。

表 3-5　不同型号 CPU 模块存储区的容量

| 型号 | CPU1211C | CPU1212C | CPU1214C | CPU1215C |
|---|---|---|---|---|
| 工作存储区 | 25~30KB | 25~50KB | 50~75KB | 100KB |
| 装载存储区 | 1MB | | 2~4MB | 4MB |
| 保持性存储区 | 2~10KB | | | 10KB |

4）系统存储器（System Memory）。在 PLC 程序运行中，需要使用系统存储器存储数据信息。系统存储器分为以下不同的存储区：

① 过程映像输入区 I：接收 PLC 外部输入信号，读取信息后，存入过程映像输入区。

② 过程映像输出区 Q：PLC 在扫描循环中将程序运算结果存储到过程映像输出区，在下一个扫描周期开始时，将运算结果输出刷新到 PLC 输出端口。

③ 外设输入（I）/输出（Q）区：用户访问数据时，若在 I/O 端点的地址或符号地址后面附加"：P"，如 I0.0：P、Q0.1：P，这种访问称为"立即读""立即写"访问，数据直接来源于输入/输出外电路，而与 PLC 内部过程映像输入/输出区的数据无关。

④ 位存储区 M：用于存储 CPU 运行程序过程中的中间运算结果、控制状态信息，可以采用位、字节和双字数据类型访问，对存储器进行读写操作，存储数据为全局变量。

⑤ 临时存储区 L：用于存储程序运行过程中的临时数据，存储数据为局部变量。

⑥ 数据块（Date Block）：简称 DB，用于存储各种类型的数据，可以按位（如 DB1. DBX3.2）、按字节（如 DB2. DBB20）、按字（如 DB3. DBW30）或按双字（如 DB4. DBD10）进行数据寻址访问。

⑦ 定时器 T 区与计数器 C 区：存放定时器 T 定时过程的参数值，以及存放计数器 C 计数过程的参数值。

以上各存储区的应用特点以及程序调试运行中可否强制、保持的属性见表3-6。

表3-6　不同存储区的应用特点

| 存储区 | 应用特点 | 强制性 | 保持性 |
|---|---|---|---|
| 过程映像输入区 I | 循环扫描时，将输入模块的信号读到过程映像区 | 否 | 否 |
| 外设输入区 I:P | 直接访问 SB、SM 的输入信号 | 是 | 否 |
| 过程映像输出区 Q | 循环扫描时，将输出过程映像区信号写到输出模块 | 无 | 否 |
| 外设输出区 Q:P | 直接访问 SB、SM 的输出信号 | 是 | 否 |
| 位存储区 M | 用于存储程序的中间结果或信号标志位 | 是 | 是 |
| 临时存储区 L | 存储块的临时局部数据，在块内部范围有效 | 否 | 否 |
| 数据块（DB） | 数据存储、FB 块的背景数据 | 否 | 是 |

**3. 存储卡**

西门子 SIMATIC 存储卡属于外插的 FEPROM，用于装载存储器，方便携带，在 PLC 断电时保存用户程序和某些数据，作为程序卡、传送卡或固件更新卡使用。存储卡带有序列号，是预先格式化的 SD 卡，具有保持性。

# 第二节　S7-1200 PLC 数据类型

**学习目标**：掌握 S7-1200 PLC 的数据类型、应用特点，学会不同类型数据的寻址方法。

S7-1200 PLC 针对数据的操作与运算定义了不同数据类型，编程设计中应正确声明所处理数据的类型，数据类型应与使用指令支持的数据类型一致。在 S7-1200 PLC 程序设计过程中将光标置于指令参数域上方，即可显示该指令所支持的数据类型，只有正确选择数据类型，才能进行数据的操作与处理，完成相应的指令功能。

数据类型及寻址

数据类型用于指定数据元素的大小以及如何解释数据。数据类型包括表征数据的长度和数据属性两个要素，数据的长度是指二进制的位数，数据属性可表征数据的特征，如整数、实数等。

## 一、 PLC 基本数据类型

**1. 位**

位的数据类型为布尔（Bool）类型，是指 1 位二进制 "1" 或者 "0" 编程时分别用 "TRUE" "FALSE" 表示。存储单元的地址由字节地址和位地址组成，例如 I3.2 中的 "I" 表示输入，字节地址为 3，位地址为 2，如图 3-8 所示。

**2. 位字符串**

数据类型字节（Byte）、字（Word）和双字（DWord）统称为位字符串，分别由 8 位、

16 位和 32 位二进制数组成。字或双字的存储遵循高字节存入低地址存储器、低字节存入高地址存储器的原则，并且以最低地址作为字或双字的寻址地址，如图 3-9 所示的 MW100、MD100。

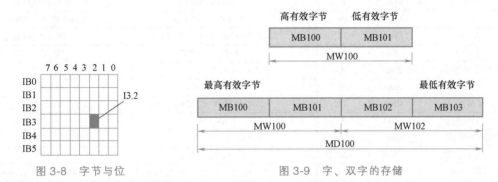

图 3-8　字节与位　　　　　　图 3-9　字、双字的存储

### 3. 整数

SInt 和 USInt 分别为 8 位的短整数和无符号短整数，Int 和 UInt 分别为 16 位的整数和无符号整数，DInt 和 UDInt 分别为 32 位的双整数和无符号的双整数。

有符号整数的最高位为符号位，最高位为 0 时为正数，为 1 时为负数。有符号整数用补码来表示，二进制正数的补码就是它本身，负整数的补码是将与其对应正整数的各位取反后加 1 得到的。例如 -5 的补码计算如下：与其对应的正整数为 00000101，各位取反得到 11111010，加 1 得 11111011。

### 4. 浮点数

浮点数又称为实数（Real），可表示为 $1. m \times 2E$ ，指数 E 是有符号数。如图 3-10 所示，浮点数最高位为浮点数的符号位，正数时为 0，负数时为 1。规定尾数的整数部分总是为 1，第 0~22 位为尾数的小数部分，8 位指数加上偏移量 127 后（0~255），放在第 23~30 位。

图 3-10　浮点数的 32 位二进制数据结构

下面举例说明浮点数与二进制的转换方法，如将浮点数 123456.0 转化为二进制数：

首先把浮点数 123456.0 转换为二进制数 1 1110 0010 0100 0000.0，再将小数点向左移动到最高位得 1.1110 0010 0100 0000，其过程共移动了 16 位，因此，此数应乘以 $2^{16}$ 为原数据值，整数部分为 1，指数部分为 16，16 加上偏移量 127 为 143。

指数 143 用二进制数表示为 1000 1111，而尾数部分为 1110 0010 0100 0000，在其后补 0，补够 23 位，则为 1110 0010 0100 0000 000 0000，符号位为 0。将以上每个部分按图 3-10 所示的格式带入，即为 32 位二进制数 0100 0111 1111 0001 0010 0000 0000 0000。

LReal 为 64 位的长浮点数，最高位为符号位。尾数的整数部分总是为 1，第 0~51 位为尾数的小数部分，11 位的指数加上偏移量 1023 后（0~1023），放在第 52~62 位。

表 3-7 列出了不同数据类型的符号、位数、取值范围、数据举例等，编程者在设计时应明确项目所用数据的属性，并注意区别使用。

表 3-7　数据类型

| 数据类型 | 符号 | 位数 | 取值范围 | 数据举例 |
|---|---|---|---|---|
| 位 | Bool | 1 | 1,0 | TRUE,FALSE 或 1.0 |
| 字节 | Byte | 8 | 16#00～16#FF | 16#12,16#AB |
| 字 | Word | 16 | 16#0000～16#FFFF | 16#ABCD,16#0001 |
| 双字 | DWord | 32 | 16#00000000～16#FFFFFFFF | 16#02468ACE |
| 字符 | Char | 8 | 16#00～16#FF | 'A','t','@' |
| 有符号短整数 | SInt | 8 | $-128～127$ | 123,$-123$ |
| 整数 | Int | 16 | $-32768～32767$ | 123,$-123$ |
| 双整数 | DInt | 32 | $-2147483648～2147483647$ | 123,$-123$ |
| 无符号短整数 | USInt | 8 | 0～255 | 123 |
| 无符号整数 | UInt | 16 | 0～65535 | 123 |
| 无符号双整数 | UDInt | 32 | 0～4294967295 | 123 |
| 浮点数（实数） | Real | 32 | $\pm1.175495\times10^{-38}～\pm3.402823\times10^{38}$ | 12.45,$-3.4$,$-1.2E+3$ |
| 双精度浮点数 | LReal | 64 | $\pm2.2250738585072020\times10^{-308}～$ $\pm1.7976931348623157\times10^{308}$ | 12345.12345 $-1,2E+40$ |
| 时间 | Time | 32 | T#$-24$d20h31m23s648ms～ T#24d20h3lm23s648ms | T#1d_2h_15m_30s_45ms |

**5. 时间与日期**

Time 为有符号双整数，用 32 位二进制数表示，如 T#5m_30s。

Date（日期）为 16 位无符号整数，如 D#2009-12-31。

TOD（Time_of_Day）为 32 位无符号双整数，如 TOD#10：20：30.400。

DTL 为长格式的日期和时间，占 12 个字节，如 DTL#2020-12-16：20：30：20.250（年-月-日：时：分：秒.纳秒）。

**6. 字符**

字符以 ASCII 格式进行存储，可以存储英文字母、符号等，常用英语的单引号来表示，例如'A'。字符（Char）数占一个字节，宽字符（WChar）占两个字节。

## 二、其他数据类型

**1. UDT 数据类型**

用户可以自行定义数据类型（User-defined Data Types），在项目树下可以自行添加 PLC 数据类型，新建 UDT，用户可以依据设计要求定义变量的数目。例如建立一个电机 UDT，如图 3-11 所示，其中变量可以设置"正转"（Bool）、"反转"（Bool）、"速度"（Int）和"时间"（Time）等变量。UDT 中的数据可以是不同类型的数据。

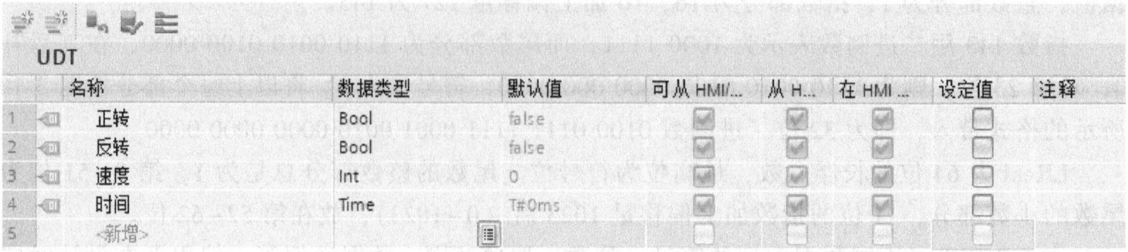

图 3-11　建立 UDT 数据类型举例

## 2. 数组 （Array）

数组 （Array） 用来表示一个有固定数目和固定编号的同一数据类型的结构，例如 array [11..100] of Real，该数组表示有 90 个实数变量，标号从 11 到 100，数据类型可以是基础数据类型，也可以是 UDT。

## 3. 结构体

在 DB 中建立变量时，可以建立结构体类型的变量，结构体由不同的数据类型组成子结构，不同的子结构体部分嵌套在另一个结构体中，是较为复杂的数据结构体，结构变量的主要用途就是对描述一个事物的多种信息进行整体存储。

# 三、数据的寻址方式

数据的寻址方式是指 PLC 寻找数据或数据存储地址并访问数据的方式。在 PLC 程序设计中，应正确使用数据的寻址方式，进行相应的数据处理。西门子 PLC 寻址方式有立即寻址、直接寻址、间接寻址和符号寻址。

## 1. 立即寻址

立即寻址是指对操作数为常数或常量的寻址方式，其特点是指令中直接出现操作数，操作数称为立即数，立即寻址可以用来设置常数、初值等，立即数可以为位、字节、字和双字等数据类型。若指令的操作数是唯一的，则不出现在指令（如置位指令、复位指令）中。

## 2. 直接寻址

直接寻址是指在指令中给出操作数的存储单元的地址，包括存储区域、长度和位置，依据这个地址就可以立即找到该数据。这一类寻址方式在编程设计中应用较多。

S7-1200 PLC 提供了不同的存储区：I 过程映像区、Q 过程映像区、M 位存储区、L 临时存储区和数据块。存储区的基本单元地址是以一个字节为单位的，用户在对其进行访问时，可以采用位、字节、字或双字的方式对存储区进行访问。不同数据长度的数据寻址方式见表 3-8。数据寻址的格式为：存储区标识符+数据长度（X 表示位寻址，B 表示字节寻址，W 表示字寻址，D 表示双字寻址）+字节地址．位地址（需要时添加位地址）。

表 3-8　数据寻址方式及格式说明

| 寻址方式 | 寻址格式举例 |
| --- | --- |
| 位 | |

（续）

| 寻址方式 | 寻址格式举例 |
|---|---|
| 字节 | 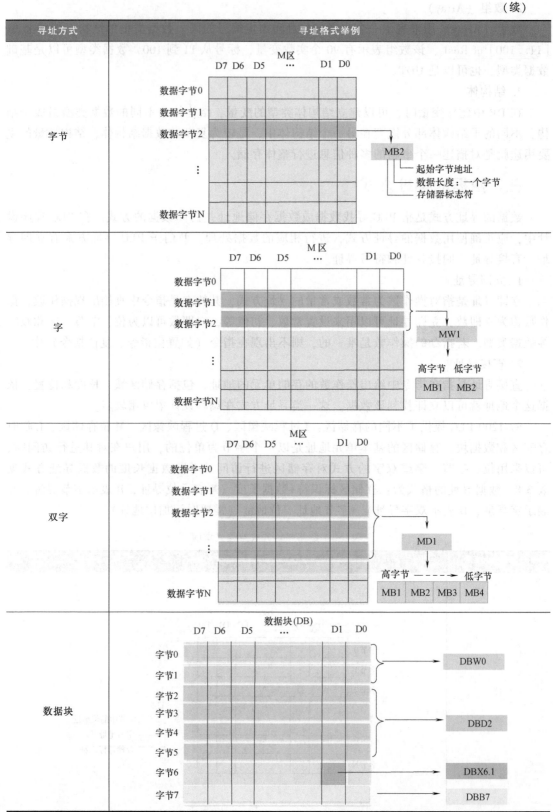 |
| 字 | |
| 双字 | |
| 数据块 | |

3. 间接寻址

间接寻址又称指针寻址，是指在指令中以存储器的形式给出操作数所在存储单元的地址，即存储器中的数据内容是操作数所在存储单元的地址。该存储器一般为地址指针，如读取域指令（Field Read）、写取域指令（Field Write）。

4. 符号寻址

在符号寻址中，将某一存储单元进行变量命名，指令中的操作数采用变量名的符号即可，如命名%M10.5的变量为"电机正转"，则在指令中直接引用"电机正转"符号即可。此类寻址方式在编程设计中非常方便实用。

# 第三节　S7-1200 PLC 指令系统

**学习目标**：掌握 S7-1200 PLC 指令的类型、功能及使用方法，学会运用各类指令进行 PLC 程序设计。

S7-1200 PLC 指令系统功能强大，结构紧凑，直观形象，易于理解和使用，指令编辑操作快捷方便，易于编程设计实现各种控制功能。在指令中设置数据类型选择，将大量功能相同的指令进行合并，大大提高了编程效率。S7-1200 PLC 指令系统分为基本、扩展、工艺（计数、PID 和运动控制）及通信 4 大类指令。本节主要介绍 S7-1200 PLC 基本指令的功能。

## 一、位逻辑指令

位逻辑指令是常用的基本指令，其功能是对布尔变量进行运算和处理，对位寻址存储的信息进行操作。指令中采用触点或线圈来表示某一布尔变量的位逻辑状态，其功能见表 3-9。

1. 触点与线圈

表 3-9　触点与线圈功能

| 指令名称 | 应用举例 | 功　能 |
|---|---|---|
| 常开触点 | %I0.0 | 常开触点与"位"的状态相对应,当"位"为"1"时接通,为"0"时断开。如"位"变量为 I0.0、M0.1 等 |
| 常闭触点 | %I0.1 | 常闭触点与"位"的状态相对应,当"位"为"0"时接通,为"1"时断开。如"位"变量为 I0.1、M100.1 等 |
| 取反 RLO | NOT | 取反 RLO 指令可对逻辑运算结果（RLO）的信号状态进行取反。如果输入该指令的信号状态为"1",则指令输出的信号状态为"0";如果输入该指令的信号状态为"0",则指令输出的信号状态为"1" |
| 线圈 | %Q0.0 | 线圈将输入信号的逻辑运算结果写入指定的地址 Q0.0,输入能流时写入"1",断流时写入"0" |
| 赋值取反 | %Q0.0 | 赋值取反指令可将逻辑运算的结果进行取反,然后将其赋值给指定操作数 Q0.0。线圈输入能流时写入"0",断流时写入"1" |

**2. 置位输出和复位输出指令（表 3-10）**

表 3-10　置位输出和复位输出指令功能

| 指令名称 | 应用举例 | 功　能 |
|---|---|---|
| 置位输出 | %Q0.0<br>—( S )— | 当能流通过线圈时,指定操作数 Q0.0 置位为"1";当能流没有通过线圈时,指定操作数信号状态保持不变 |
| 复位输出 | %Q0.0<br>—( R )— | 当能流通过线圈时,指定操作数 Q0.0 复位为"0";当能流没有通过线圈时,指定操作数信号状态保持不变 |

【例 3-1】　当 I0.4 信号为 1 时，将 Q0.4 置位，而当 I0.5 信号为 1 时，将 Q0.5 复位，设计例程如图 3-12 所示。

```
  %I0.4                                                    %Q0.4
 "Tag_10"                                                 "Tag_12"
 ──┤ ├────────────────────────────────────────────────────( R )──

  %I0.5                                                    %Q0.5
 "Tag_11"                                                 "Tag_13"
 ──┤ ├────────────────────────────────────────────────────( S )──
```

图 3-12　例 3-1 程序

**3. 置位位域指令与复位位域指令（表 3-11）**

表 3-11　置位位域指令与复位位域指令功能

| 指令名称 | 应用举例 | 功　能 |
|---|---|---|
| 置位位域指令 | %Q0.0<br>—( SET_BF )—<br>N | 对从指定地址 Q0.0 开始的多个位进行置位操作,N 为置位的位数 |
| 复位位域指令 | %Q0.0<br>—( RESET_BF )—<br>N | 对从指定地址 Q0.0 开始的多个位进行复位操作,N 为复位的位数 |

**4. 输入信号上升沿/下降沿检测指令（表 3-12）**

表 3-12　输入信号上升沿/下降沿检测指令功能

| 指令名称 | 应用举例 | 功　能 |
|---|---|---|
| 扫描操作数的<br>信号上升沿 | %I0.0<br>—┤ P ├—<br>%M0.0 | 如果该触点上面的输入信号 I0.0 由 0 状态跳变为 1 状态(即输入信号 I0.0 的上升沿),则该触点接通一个扫描周期<br>触点下方的 M0.0 为边沿存储位,用于存储 I0.0 在上一个扫描周期的状态 |
| 扫描操作数<br>的信号下降沿 | %I0.1<br>—┤ N ├—<br>%M0.1 | 如果该触点上面的输入信号 I0.1 由 1 状态跳变为 0 状态(即输入信号 I0.1 的下降沿),则该触点接通一个扫描周期<br>触点下方的 M0.1 为边沿存储位,用于存储 I0.0 在上一个扫描周期的状态 |

图 3-13 所示为出现信号下降沿和上升沿时信号状态的变化,信号状态从"0"变到"1",说明出现了一个上升沿;信号状态从"1"变到"0",表明出现了一个下降沿。

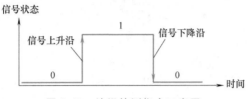

图 3-13　边沿检测指令示意图

### 5. 信号上升沿/下降沿置位操作数指令（表 3-13）

表 3-13　信号上升沿/下降沿置位操作数指令功能

| 指令名称 | 应用举例 | 功　　能 |
|---|---|---|
| 在信号上升沿<br>置位操作数 | %Q0.0<br>—( P )—<br>%M0.0 | 若线圈 Q0.0 的信号由 0 状态跳变为 1 状态（即线圈 Q0.0 逻辑运算结果的上升沿）,则该线圈置位为"1"一个扫描周期<br>线圈下方的 M0.0 为边沿存储位,用于存储 Q0.0 在上一个扫描周期的状态 |
| 在信号下降沿<br>置位操作数 | %Q0.1<br>—( N )—<br>%M0.1 | 若线圈 Q0.1 的信号由 1 状态跳变为 0 状态（即线圈 Q0.1 逻辑运算结果的下降沿）,则该线圈置位为"1"一个扫描周期<br>线圈下方的 M0.1 为边沿存储位,用于存储 Q0.1 在上一个扫描周期的状态 |

### 6. 触发器指令（表 3-14）

表 3-14　触发器指令功能

| 指令名称 | 应用举例 | 功　　能 |
|---|---|---|
| 置位/复位触发器 | %M0.0<br>SR<br>S　Q<br>R1 | 根据输入 S 和 R1 的信号状态,置位或复位指定操作数 M0.0 的位,输入 R1 的优先级高于输入 S,又称复位优先触发器 |
| 复位/置位触发器 | %M0.0<br>RS<br>R　Q<br>S1 | 根据输入 R 和 S1 的信号状态,复位或置位指定操作数 M0.0 的位,输入 S1 的优先级高于输入 R,又称置位优先触发器 |

SR 触发器与 RS 触发器输入、输出关系见表 3-15。

表 3-15　SR 触发器与 RS 触发器输入、输出关系

| 置位/复位（SR）触发器 | | | 复位/置位（RS）触发器 | | |
|---|---|---|---|---|---|
| S | R1 | Q | R | S1 | Q |
| 0 | 0 | 保持 | 0 | 0 | 保持 |
| 0 | 1 | 0 | 0 | 1 | 1 |
| 1 | 0 | 1 | 1 | 0 | 0 |
| 1 | 1 | 0 | 1 | 1 | 1 |

【例 3-2】　当按下 I0.0 端口接入的按钮 SB 时,Q0.0 信号为 1;再按下 SB 时,Q0.0 信

号为0；再按下SB时，Q0.0信号为1，如此往复。设计例程如图3-14所示。

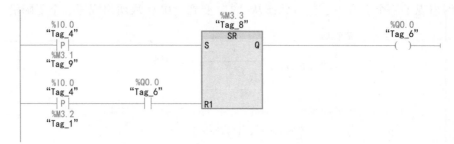

图 3-14 例 3-2 程序

# 二、定时器与计数器

定时器指令

## 1. 定时器指令

定时器用于实现定时功能，指令运行的数据使用存储在数据块中的结构体来保存，因此使用定时器指令时要为其分配背景数据块。定时器指令格式见表3-16。

表 3-16  定时器指令

| 指令格式 | 名称 | 功能 |
|---|---|---|
| TON<br>Time<br>IN    Q<br>PT    ET | 接通延时定时器 TON | 接通延时定时器 TON 用于将 Q 输出的置位操作延时设定的时间预设值 PT<br>当使能端 IN 接通时，定时器开始计时，当前值 ET 从 0 开始递增。当前值 ET 等于预设值 PT 时，定时器输出 Q 置位，定时器停止计时，保持当前值。当使能端 IN 断开时，定时器的当前值 ET 和输出状态 Q 复位 |
| TOF<br>Time<br>IN    Q<br>PT    ET | 关断延时定时器 TOF | 关断延时定时器 TOF 用于将 Q 输出的复位操作延时设定的时间预设值 PT<br>当使能端 IN 接通时，启动定时器，定时器当前值复位，输出 Q 接通（置位）。当使能端 IN 断开时，定时器开始计时，当前值 ET 从 0 开始递增。当前值 ET 等于预设值 PT 时，定时器输出 Q 复位，定时器停止计时，保持当前值 |
| TONR<br>Time<br>IN    Q<br>R    ET<br>PT | 保持型接通延时定时器 TONR | 又称"时间累加器"，用于累计输入电路接通的若干个时间段<br>当使能端 IN 接通时，定时器开始计时，当前值 ET 从 0 开始递增。当使能端 IN 断开时，定时器暂停计时，并保持当前值。当使能端重新接通时，定时器继续计时，当前值继续累计。当前值 ET 等于预设值 PT 时，定时器输出 Q 置位，定时器停止计时，保持当前值。当复位端 R 接通时，定时器的当前值 ET 和输出状态 Q 复位 |
| TP<br>Time<br>IN    Q<br>PT    ET | 脉冲定时器 TP | 当使能端 IN 有上升沿时，定时器开始定时，当前值 ET 递增，同时输出 Q 置位。当前值 ET 等于预设值 PT 时，定时器输出 Q 复位，定时器停止计时。若此时使能端 IN 为高电平，则保持当前计数值；若使能端 IN 为低电平，当前值清零。在定时器计时过程中，使能端 IN 对新来的上升沿信号不起作用 |

2. 计数器指令

计数器用来累计脉冲的个数，包括加计数器（CTU）、减计数器（CTD）和加减计数器（CTUD）三种。每个计数器都使用存储块中存储的结构来保存计数器数据。在工作区中放置计数器指令时，要为其分配背景数据块。计数器计数值的数值范围取决于所选的数据类型。计数器指令格式见表3-17。

计数器指令

表 3-17　计数器指令格式

| 指令格式 | 名称 | 功能 |
|---|---|---|
|  CTU Int — CU Q — R CV — PV | 加计数器 | 可以使用加计数指令，递增输出 CV 的值<br>如果加计数端 CU 的信号状态从"0"变为"1"（信号上升沿），计数器的当前计数值 CV 加1。如果当前值 CV 大于等于预置值 PV 时，计数器输出端 Q 置位为"1"。当复位端 R 的信号状态为"1"时，当前计数值 CV 复位为"0" |
| CTD Int — CD Q — LD CV — PV | 减计数器 | 可以使用减计数指令，递减输出 CV 的值<br>如果减计数端 CD 的信号状态从"0"变为"1"（信号上升沿），计数器的当前计数值 CV 减1。如果当前值 CV 小于等于0，计数器输出端 Q 置位为"1"<br>当装载输入端 LD 的信号状态为"1"时，将预设值 PV 置入计数器的当前值 CV |
| CTUD Int — CU QU — CD QD — R CV — LD — PV | 加减计数器 | 如果加计数端 CU 的信号状态从"0"变为"1"（信号上升沿），计数器的当前计数值 CV 加1。如果减计数端 CD 的信号状态从"0"变为"1"（信号上升沿），计数器的当前计数值 CV 减1。如果在一个程序周期内，输入 CU 和 CD 同时出现信号上升沿，则当前计数器值 CV 保持不变<br>当装载输入端 LD 的信号状态为"1"时，当前值 CV 等于预设值 PV；当复位端 R 为"1"时，计数器计数值 CV 复位为"0"。当 LD 和 R 的信号状态同时为"1"时，当前计数值 CV 为"0"。如果当前值 CV 大于等于预设值 PV，计数器输出端 QU 置位为"1"；如果当前值 CV 小于等于0，计数器输出端 QD 置位为"1" |

# 三、比较指令

比较指令包括数值大小比较指令、判断数值是否在范围内指令以及有效性无效性检查指令。

比较指令和
移动指令

1. 数值大小比较指令

使用数值大小比较指令可以比较两个数据类型相同的数值大小。比较指令可以看作是一个等效的触点，参与比较的操作数 IN1 和 IN2 分别在触点的上面和下面。按照比较类型不同，可以分为6种类型：等于、不等于、大于、小于、大于等于、小于等于。当 IN1 和 IN2 满足比较条件时，触点接通；否则，触点断开。具体指令格式见表3-18。

表 3-18　数值大小比较指令

| 指令格式 | 名称 | 指令格式 | 名称 |
|---|---|---|---|
| IN1<br>==<br>Int<br>IN2 | 等于 | IN1<br><><br>Word<br>IN2 | 不等于 |
| IN1<br>><br>String<br>IN2 | 大于 | IN1<br><<br>Char<br>IN2 | 小于 |
| IN1<br>>=<br>Real<br>IN2 | 大于等于 | IN1<br><=<br>Time<br>IN2 | 小于等于 |

S7-1200 PLC 比较指令支持的数据类型有：整数（Int）、双整数（DInt）、实数（Real）、无符号短整数（USInt）、无符号整数（UInt）、无符号长整数（UDInt）、短整数（SInt）、字符串（String）、字符（Char）、时间（Time）和 DTL 等。

2. 判断数值是否在范围内指令

判断数值是否在范围内指令的功能是：判断给定输入 VAL 是否在参数 MIN 和 MAX 指定的取值范围内。判断数值是否在范围内指令包括值在范围内指令和值超出范围指令，它们都可以等效为一个触点。如果有能流流入指令方框，执行比较指令，满足比较条件时等效触点闭合，否则触点断开。具体指令格式见表 3-19。注意：参数 MIN、MAX 和输入值 VAL 的数据类型必须相同，可以是整数或浮点数。

表 3-19　判断数值是否在范围内指令

| 指令格式 | 名称 | 功　能 |
|---|---|---|
| IN_RANGE<br>Int<br><br>MIN<br>VAL<br>MAX | 值在范围内 | 当能流流入该指令时,执行数据比较。如果输入 VAL 的值满足 MIN≤VAL≤MAX,则功能框输出的信号状态为"1";如果不满足比较条件,则功能框输出的信号状态为"0" |
| OUT_RANGE<br>Int<br><br>MIN<br>VAL<br>MAX | 值超出范围 | 当能流流入该指令时,执行数据比较。如果输入 VAL 的值满足 VAL<MIN 或 VAL>MAX,则功能框输出的信号状态为"1";如果不满足比较条件,则功能框输出的信号状态为"0" |

3. 有效性无效性检查指令

对数据类型进行有效性检查，可用在数据运算指令、数据处理指令前，判断是否为该指令执行所要求的数据类型。指令格式见表 3-20。

表 3-20　有效性无效性检查指令格式

| 指令格式 | 名称 | 功　能 |
|---|---|---|
| <???><br>OK | 有效性无效性检查 | 判断是否为该指令执行所要求的数据类型。若是,输出为"1",否则输出为"0" |

【例 3-3】 判断"数据 1""数据 2"是否是乘法指令执行所要求的有效浮点数,若满足,则乘法指令的使能端有效,执行两个数据的乘法运算,设计例程如图 3-15 所示。

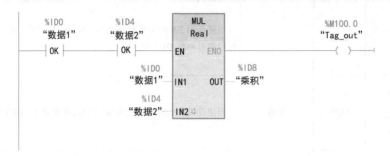

图 3-15 例 3-3 程序

# 四、数学函数指令

## 1. 简单运算指令

简单运算指令包括加、减、乘、除、取余、递增、递减和求绝对值等操作,具体指令格式及功能见表 3-21。

表 3-21 简单运算指令

| 指令格式 | 名称 | 可选数据类型 | 功能 |
|---|---|---|---|
| ADD Auto(???) EN ENO IN1 OUT IN2 | 加 | 整数 浮点数 | 当使能端 EN 的信号状态为"1"时,执行加法指令,OUT = IN1+IN2。在初始状态下,指令框中至少包含两个输入 IN1 和 IN2,可以扩展输入数目。执行该指令时,将所有可用输入参数的值相加,其和存储在输出 OUT 中 |
| SUB Auto(???) EN ENO IN1 OUT IN2 | 减 | | 当使能端 EN 的信号状态为"1"时,执行减法指令,OUT = IN1−IN2 |
| MUL Auto(???) EN ENO IN1 OUT IN2 | 乘 | | 当使能端 EN 的信号状态为"1"时,执行乘法指令,OUT = IN1×IN2。在初始状态下,指令框中至少包含两个输入 IN1 和 IN2,可以扩展输入数目。指令执行时,将所有可用输入参数的值相乘,乘积存储在输出 OUT 中 |
| DIV Auto(???) EN ENO IN1 OUT IN2 | 除 | | 当使能端 EN 的信号状态为"1"时,执行除法指令,OUT = IN1÷IN2 |

（续）

| 指令格式 | 名称 | 可选数据类型 | 功能 |
|---|---|---|---|
| MOD Auto(???) EN ENO IN1 OUT IN2 | 取余 | 整数 | 当使能端 EN 的信号状态为"1"时，执行"取余"指令，将 IN1 除以 IN2 的余数返回到 OUT 中 |
| INC ??? EN ENO IN/OUT | 递增 | | 当使能端 EN 的信号状态为"1"时，将参数 IN/OUT 的值加 1 |
| DEC ??? EN ENO IN/OUT | 递减 | | 当使能端 EN 的信号状态为"1"时，将参数 IN/OUT 的值减 1 |
| ABS ??? EN ENO IN OUT | 求绝对值 | 有符号整数 浮点数 | 当使能端 EN 的信号状态为"1"时，执行"计算绝对值"指令，OUT = |IN| |

**2. CALCULATE 指令**

使用"CALCULATE"指令时，根据所选数据类型，需要先定义指令所要执行的数学表达式。指令执行时，将输入参数带入预先定义的数学表达式，进行数学运算或复杂逻辑运算，并将计算结果传送到输出 OUT 中。指令格式如图 3-16 所示。

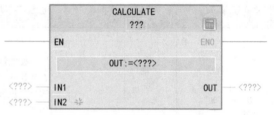

图 3-16　CALCULATE 指令格式

（1）数据类型的选择　从 CALCULATE 指令框的"???"下拉列表中选择该指令的数据类型。其支持的数据类型有整数、浮点数和位字符串。根据所选的数据类型，可以组合某些指令的函数，以执行复杂计算。

（2）数学表达式的定义　单击指令框上方的"计算器"图标 ，或者双击指令框中间的数学表达式方框 OUT := <???> ，弹出编辑"Calculate"指令对话框（图 3-17）。在对话框中，指定待计算的表达式。表达式可以包含输入参数的名称和指令的语法，不能指定操作数名称和操作数地址。

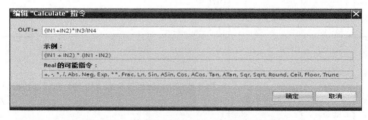

图 3-17　编辑"Calculate"指令对话框

在初始状态下，CALCULATE 指令框只包含 IN1 和 IN2 两个输入。单击指令框左下角的图标 ※ ，在扩展视图下可以增加输入信号的数目。

## 五、移动操作指令

移动操作指令包括移动值指令、块移动指令、填充指令和交换指令。使用移动操作指令可将数据复制到新的存储器地址，移动过程不改变源数据。常用的指令格式见表3-22。

表 3-22　移动操作指令格式

| 指令格式 | 名称 | 功能 |
|---|---|---|
| MOVE<br>EN　　ENO<br>IN　OUT1 | 移动值指令 | 使用移动值指令 MOVE，将存储在指定输入地址 IN 处的数据，复制到输出 OUT1 处的新地址，并转换为 OUT1 允许的数据类型，源数据保持不变。可以扩展输出数目，在执行指令过程中，将输入 IN 的操作数的内容同时传送给所有可用输出 |
| MOVE_BLK<br>EN　　ENO<br>IN　OUT<br>COUNT | 块移动指令 | 可以使用块移动指令，将指定区域的多个数据，复制到一个新区域，复制过程可被中断事件中断。当且仅当源范围和目标范围的数据类型相同时，才能执行该指令<br>IN：待复制源区域中的首个单元地址<br>COUNT：需要移动到目标范围中的单元个数<br>OUT：要复制到的目标区域中的首个单元地址 |

## 六、转换操作指令

S7-1200 PLC 中常用的转换操作指令包括转换指令、标准化指令和缩放指令。常用转换操作指令格式见表3-23。

表 3-23　常用转换操作指令格式

| 指令格式 | 名称 | 功能 |
|---|---|---|
| CONV<br>??? to ???<br>EN　　ENO<br>IN　OUT | 转换指令 | CONV 指令可以根据指令框中选择的数据类型，对输入 IN 中的数据进行类型转换，转换结果存储在 OUT 指定的地址中 |
| NORM_X<br>??? to ???<br>EN　　ENO<br>MIN　OUT<br>VALUE<br>MAX | 标准化指令 | 标准化指令可以按照参数 MIN 和 MAX 的指定范围，将输入 VALUE 的值映射到 0.0~1.0 的范围内，对其进行标准化。输出结果为浮点数，存储在 OUT 指定的地址中<br>$$OUT = \frac{VALUE-MIN}{MAX-MIN}$$<br>$$MIN \leqslant VALUE \leqslant MAX$$<br>输入、输出之间的映射关系如图3-18所示 |
| SCALE_X<br>??? to ???<br>EN　　ENO<br>MIN　OUT<br>VALUE<br>MAX | 缩放指令 | 缩放指令又称为标定指令，可以将浮点数输入 VALUE 的值映射到由参数 MIN 和 MAX 定义的取值范围，缩放结果存储在 OUT 指定的地址中<br>$$OUT = VALUE \times (MAX-MIN) + MIN$$<br>$$0.0 \leqslant VALUE \leqslant 1.0$$<br>输入、输出之间的映射关系如图3-19所示 |

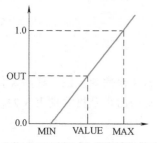

图 3-18　NORM_X 指令的输入、输出关系

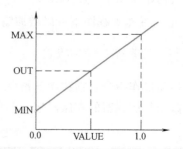

图 3-19　SCALE_X 指令的输入、输出关系

【例 3-4】　某温度变送器的量程为 $-200 \sim 850℃$，输出信号为 $4 \sim 20\text{mA}$，PLC 可将 $0 \sim 20\text{mA}$ 的电流信号转换为数字 $0 \sim 27648$，并存放在符号地址为"模拟值"的 IW96 存储器中，求以℃为单位的浮点数温度值（又称工程量）。

先求出 4mA 模拟信号转换为 5530 的数字信号，即将外部电流信号 $4 \sim 20\text{mA}$ 转换为数字信号的范围是 $5530 \sim 27648$，利用 NORM_X 指令将实施转换的模拟量数值缩放在 $0.0 \sim 1.0$ 范围，再使用 SCALE_X 指令计算出对应的温度值，例程如图 3-20 所示。

图 3-20　例 3-4 程序

# 七、移位和循环指令

## 1. 移位指令

S7-1200 PLC 的移位指令包括左移指令和右移指令。移位指令用于将参数 IN 指定的存储单元中的内容逐位移位，移位结果保存在参数 OUT 指定的地址中。参数 N 指定移位的位数，如果参数 N 的值为 0，则将输入 IN 的值复制到输出 OUT 指定的地址中。指令格式见表 3-24。

表 3-24　移位指令格式

| 指令格式 | 名称 | 功能 |
| --- | --- | --- |
| SHL<br>???<br>EN　ENO<br>IN　OUT<br>N | 左移指令 | 当使能端 EN 有效时，将输入 IN 中的内容左移 N 位，右端补 0，结果输出到 OUT 指定的存储单元中 |
| SHR<br>???<br>EN　ENO<br>IN　OUT<br>N | 右移指令 | 当使能端 EN 有效时，将输入 IN 中的内容右移 N 位，左端补 0，结果输出到 OUT 指定的存储单元中<br>无符号数右移位时，左端补 0；有符号数右移位时，左端用符号位（移位前数据的最高位）填充，正数的符号位为 0，负数的符号位为 1 |

数据左移 N 位相当于乘以 $2^N$，数据右移 N 位相当于除以 $2^N$。图 3-21、图 3-22 所示分别为如何将 Word 数据类型的操作数向左移动 6 位、向右移动 4 位。

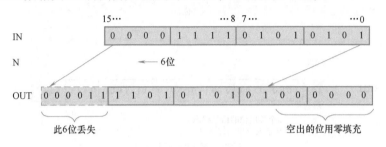

图 3-21　数据的左移

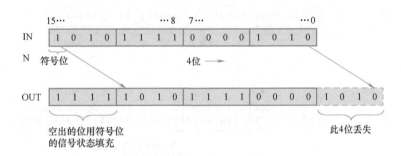

图 3-22　数据的右移

### 2. 循环移位指令

S7-1200 PLC 的循环移位指令包括循环左移指令和循环右移指令。循环移位指令用于将参数 IN 指定的存储单元中的内容逐位循环移位，移出来的位序列再送回到存储单元的空位上，原始位不丢失，结果保存在参数 OUT 指定的地址中，参数 N 指定循环移位的位数。如果参数 N 的值为 0，则将输入 IN 的值复制到输出 OUT 指定的地址中。指令格式见表 3-25。

表 3-25　循环移位指令格式

| 指令格式 | 名称 | 功能 |
|---|---|---|
| ROL<br>???<br>—EN　ENO—<br>—IN　OUT—<br>—N | 循环左移指令 | 当使能端 EN 有效时，将输入 IN 中的内容按位向左循环移动 N 位，右端空位用移出的位填充，结果输出到 OUT 指定的存储单元中 |
| ROR<br>???<br>—EN　ENO—<br>—IN　OUT—<br>—N | 循环右移指令 | 当使能端 EN 有效时，将输入 IN 中的内容按位向右循环移动 N 位，左端空位用移出的位填充，结果输出到 OUT 指定的存储单元中 |

图 3-23、图 3-24 所示分别为如何将 DWord 数据类型操作数的内容向左循环移动 3 位、向右循环移动 3 位。

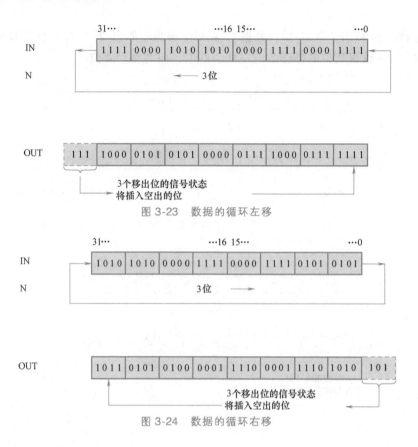

图 3-23　数据的循环左移

图 3-24　数据的循环右移

# 八、程序控制指令

程序控制指令用于控制程序执行的顺序。指令格式见表 3-26。

表 3-26　程序控制指令格式

| 指令格式 | 名称 | 功能 |
|---|---|---|
| <???><br>──( JMP ) | 为 1 时跳转 | 如果有能流通过该指令线圈,则跳转到由指定跳转标签标识的程序段,否则程序将从指定标签后的第一条指令继续执行。在指令上方的占位符指定该跳转标签的名称。一个程度段中只能使用一个跳转线圈 |
| <???><br>──( JMPN )── | 为 0 时跳转 | 如果没有能流通过该指令线圈,则跳转到由指定跳转标签标识的程序段,否则程序将从指定标签后的第一条指令继续执行。在指令上方的占位符指定该跳转标签的名称。一个程度段中只能使用一个跳转线圈 |
| <???> | 跳转标签 | 可使用跳转标签为跳转指令标识目标程序段。一个程序段中只能设置一个跳转标签 |
| SWITCH<br>???<br>EN　DEST0<br>K ⇒ DEST1<br>ELSE | 跳转分支指令 | 跳转指令从第一个比较开始执行。如果满足比较条件,则跳转到对应输出指定的程序段;如果未满足任何指定的比较条件,将在输出 ELSE 处执行跳转;若输出 ELSE 未定义程序跳转,则从下一个程序段继续执行 |
| JMP_LIST<br>EN　DEST0<br>K ⇒ DEST1 | 定义跳转列表 | 当使能端 EN 有效时,根据参数 K 中的数值跳转至相应输出 DESTK 指定的程序段。如果参数 K 值大于可用的输出编号,则继续执行块中下个程序段中的程序 |
| <???><br>──( RET )── | 返回 | 如果有能流通过该指令线圈,则终止当前程序段的执行并返回调用该程序段的块 |

1. 跳转指令与标签指令

在程序设计中，若没有执行跳转指令，各个程序段按照从上到下的先后顺序执行。跳转指令能够中止程序的顺序执行，跳转到指令中的跳转标签所在的目标地址。

指定的跳转标签与执行的跳转指令必须位于同一程序块中，不能从一个程序块跳转到另一个程序块。跳转标签的名称在一个块中只能分配一次。

2. 跳转分支指令

程序流程中若需满足某一条件，程序才能跳转，则可以根据一个或多个比较指令的结果，使用跳转分支指令，定义要执行的多个程序跳转。在参数 K 中指定参与比较的值地址。将该值与各个输入提供的值进行比较。可选的比较方式有等于（＝＝）、不等于（<>）、小于（<）、小于等于（<=）、大于（>）以及大于等于（>=）。

单击指令框中的图标 ☀，可以增加输出 DEST 的数量，每增加一个输出就会自动插入一个输入与之对应。如果满足输入的比较条件，则将执行相应输出处设定的跳转；在指令的输出中指定程序段的跳转标签，不能在该指令的输出上指定操作数。

3. 定义跳转列表指令

使用定义跳转列表指令可定义多个有条件跳转，并继续执行由参数 K 的值指定的程序段中的程序。在参数 K 指定的地址中存放输出编号，即如果 K 值为 1，则跳转到输出编号 DEST1 指定的程序段处继续执行。

4. 返回指令

可使用返回指令停止有条件执行或无条件执行的块。RET 线圈上的参数是返回值，数据类型为 Bool。退出程序块时，返回值（操作数）的信号状态与调用程序块的使能输出 ENO 相对应。如果程序段中已经包含跳转指令 JMP 或 JMPN，则不得使用返回指令 RET。每个程序段中只能使用一个跳转线圈。

## 九、CTRL_PTO 指令与 CTRL_PWM 指令

脉冲发生器启动指令有两个：CTRL_PTO 指令的功能是生成一个占空比为 50% 的方波脉冲序列，指令格式如图 3-25 所示；CTRL_PWM 指令的功能是输出占空比可调的脉冲序列，指令格式如图 3-26 所示。

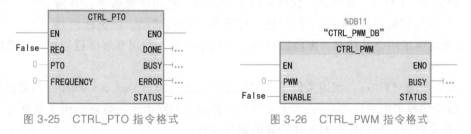

图 3-25　CTRL_PTO 指令格式　　　　图 3-26　CTRL_PWM 指令格式

使用 CTRL_PTO 指令或 CTRL_PWM 指令时，应激活脉冲发生器。以使用 CTRL_PTO 指令为例，可在硬件配置中进行激活并选择信号类型。

## 十、高速计数器

普通计数器的输入信号受制于 CPU 的扫描周期。CPU 每个扫描周期读取一次被测信号，

如果输入的脉冲频率特别高，超过了普通计数器的测量能力，会丢失计数脉冲，这个时候就需要用到高速计数器。高速计数器指令块需要使用指定背景数据块存储参数，指令格式如图 3-27 所示。

HSC 的计数类型有以下 4 种：

1）计数：计算脉冲次数并根据方向控制的状态递增或递减计数值。

2）周期：在指定的时间内对输入脉冲的个数进行计数，然后计算出周期。

3）频率：通过测量输入脉冲的个数及持续时间计算出脉冲的频率。

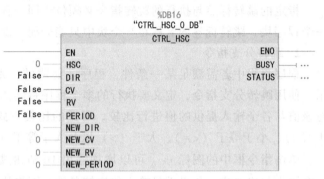

图 3-27　CTRL_HSC 指令格式

4）运动控制：用于轴工艺对象的驱动控制。

HSC 的工作模式有单相、两相位、A/B 计数器及 A/B 计数器四倍频 4 种工作模式。

# 第四节　S7-1200 PLC 程序设计基础

**学习目标**：掌握 S7-1200 PLC 程序设计的特点，熟悉程序结构及各代码块的功能及应用，掌握 S7-1200 PLC 硬件组态的内容，学会程序设计及组态设置的方法。

PLC 的编程语言依据国际电工委员会（IEC）颁布的通用 IEC 61131-3 PLC 标准。该标准制定了五种 PLC 编程语言，即指令表、结构化文本、梯形图、功能块图和顺序功能表图。S7-1200 PLC 程序设计采用梯形图（LAD）、功能块图（FBD）和结构化控制语言（SCL）三种语言，其语言特点如下：

程序组织结构

1）梯形图（LAD）：由触点、线圈和指令框组成。利用能流概念，并借用继电器电路的逻辑分析方法及工作原理，能流从左往右流动，能流线经过的触点状态均满足闭合条件时，则能流导通，否则不导通。利用梯形图可以更好地理解和分析梯形图逻辑功能。

2）功能块图（FBD）：使用类似于数字电路的图形逻辑符号来表示程序控制的逻辑。

3）结构化控制语言（SCL）：基于文本的一种高级编程语言，特别适用于数据管理、过程优化、配方管理、数学计算和统计任务的编程设计。

## 一、S7-1200 PLC 程序设计特点

S7-1200 PLC 基于 TIA（Totally Integrated Automation）软件编辑环境，可进行设备组态及程序设计。TIA 软件是西门子公司研发的一款全集成自动化软件，软件秉承"一网到底"技术风格，可以将西门子 SIMATIC 系列产品统一集成，实现 PLC、分布式 I/O、工控机和

HMI 等设备的硬件组态、程序编辑及系统运行调试等功能。

S7-1200 PLC 采用 "块" 设计方式，将程序分为功能相异、相互独立的代码块结构。"块" 程序结构的运用有利于庞大而复杂的工业自动化控制程序的设计、阅读和理解。

程序代码块分为组织块（OB）、函数（FC）、函数块（FB）和数据块（DB）。创建新项目时，在项目树栏中选择 "添加新块"，可选择添加块的类型及语言。程序代码块也可以进行 LAD、FBD 及 SCL 之间的切换。

在程序结构设计中，操作系统与 OB 接口如图 3-28 所示，OB 可以调用 FB、FC，FB 可以调 FC，即被调用的代码块可以嵌套调用其他代码块依次调用下去，称为程序嵌套。不同组织块调用程序嵌套的深度不同，其中全局数据块 Global 可以被 OB、FB 和 FC 运行时调用，而背景数据块 Instance 只能被 FB 调用。

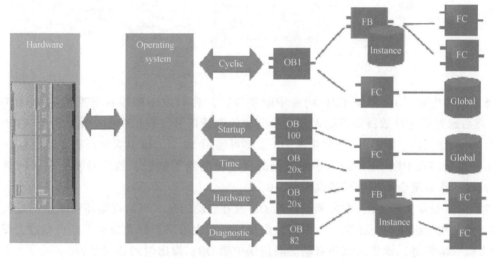

图 3-28　程序调用结构示意图

（1）组织块（OB）　OB 是操作系统与用户程序的接口，按功能分为 7 种类型，优先级各不相同，见表 3-27。由操作系统依据 OB 不同的优先级进行分级调用。

表 3-27　OB 中断优先级

| 组织块类型 | 编　号 | 优先级 | 组 |
|---|---|---|---|
| 程序循环 | 1. ≥123 | 1 | 1 |
| 启动 | 100. ≥123 | 1 | |
| 延时中断 | 20~23, ≥123 | 3 | 2 |
| 循环中断 | 30~38, ≥123 | 7 | |
| 硬件中断 | 40~47, ≥123 | 5 | |
| 诊断错误中断 | 82 | 9 | |
| 时间错误中断 | 80 | 26 | 3 |

TIA Portal 编辑软件采用添加 "main" 程序块的方式添加 OB，并根据需要选择不同功能的 OB。其功能说明如下：

1) 程序循环 OB：操作系统在每个循环周期中调用程序循环 OB 一次，循环周期可以自行设置，没有启动信息，可以建立多个程序循环 OB。程序循环 OB 中断优先等级为 1，级别最低。

2) 启动 OB：又称为初始化组织块。当 CPU 重启或从 STOP 切换到 RUN 时，只执行一次启动 OB。启动 OB 用于进行初始化参数设置或初始化操作，默认编号为 OB100。若再建其他多个启动 OB，其编号必须大于或等于 123。

3) 延时中断 OB：操作系统在用户设置的延时时间后启动延时中断 OB，在调用 SRT_DINT 指令后开始执行，最多可以使用 4 个延时中断，该组织块没有启动信息。

4) 循环中断 OB：以周期性的时间间隔独立启动程序，循环时间不受 CPU 扫描周期的限制，常用于需要定时执行的任务，如 PID 控制程序。最多可以使用 4 个循环程序，并且可以利用偏移量延期执行。该组织块没有启动信息，循环中断执行时序如图 3-29 所示。

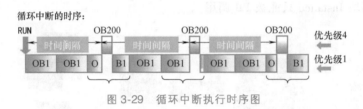

图 3-29　循环中断执行时序图

5) 硬件中断 OB：用于 CPU 响应中断事件，先将触发中断事件分配给一个硬件中断 OB，然后通过高速计数器或者输入通道发出硬件中断信号，提出中断申请，一旦 CPU 响应中断，则执行硬件中断 OB。硬件中断 OB 最多可使用 50 个，该组织块没有启动信息。

6) 诊断错误中断 OB：如果诊断功能的模块检测到了错误，就会触发一个诊断错误中断，此时操作系统会调用诊断错误中断 OB。

7) 时间错误中断 OB：时间错误中断 OB 没有启动信息。当出现循环程序超出最大循环时间，被调用的组织块正在执行，中断组织块队列发生溢出，以及由于中断负载过大而导致中断丢失等事件时，操作系统将启动时间错误中断 OB，发出时间错误警告。

（2）函数（FC）　函数 FC 是不带背景数据块的代码块，通常用于对输入值执行特定运算，对不同参数的重复运算功能实现控制要求，简化了对重复控制任务的编程。

FC 没有固定的存储区，将程序运算结果存储在存储器当中，对于参与该运算的临时数据，FC 采用局部数据堆栈，不保存临时数据。FC 执行结束后，其临时变量中的数据就丢失了，要长期存储数据，可将输出值赋给全局存储器位置，如 M 存储器或全局数据块。

（3）函数块（FB）　FB 是用户编写的子程序。调用函数块时，需要指定背景数据块，它是函数块专用的存储区。FB 的输入、输出参数和局部静态变量保存在背景数据块中。在 FB 执行结束后，这些值仍然有效，临时变量的数据会丢失，使用不同的背景数据块调用同一个函数块，可以控制不同的设备。

（4）数据块（DB）　DB 是用于存放执行代码块时所需数据的数据区，分为全局数据块和背景数据块。全局数据块存储供所有的代码块使用的数据。背景数据块存储的数据供特定的 FB 使用，一个背景数据块对应一个功能块，其结构和功能块的接口规格是一致的。

FC 与 FB 在设计应用中的区别如下：

1) FC 没有背景数据块，FB 有背景数据块。

2) FC 只能在内部访问局部变量，其他代码块、HMI（人机界面）可以访问 FB 背景数据块的变量。

3）FC没有静态变量（Static），FB有静态变量存储在背景数据块中。

4）FC的局部变量没有默认值，FB的局部变量（不包括 Temp）有默认值。

5）FC的输出参数只与输入参数有关，而FB的输出不仅与输入参数有关，还与其静态变量有关。

## 二、参数

参数是指主调用块为被调用块提供程序运行所使用的数据，这些数据将作为块参数进行引用。在 Portal 软件中，当生成函数（FC）和函数块（FB）时，在程序编辑器上部有一个"块接口"区，显示了与主调用块共享的输入参数、输出参数，当被调用 FC 或 FB 执行完毕后，将程序执行的结果返回给主调用块。

被调用块接口中定义的块参数，称为形参。形参变量只有在被调用时才分配内存单元，在调用结束后，即刻释放所分配的内存单元。因此形参只在函数内部有效，函数调用结束返回主调用块后，不再使用该形参变量。

调用块时，主调用块传递给被调用块的实际参数称为实参。实参可以是常量、变量、表达式和函数等。无论实参是何种数据类型，在进行块调用时，它们都必须有确定的值，以便把这些值传送给形参，因此应预先用赋值、输入等办法使参数获得确定值，实参和形参在数量、类型和顺序上应严格一致，否则会发生类型不匹配的错误。

FC可以设计有形参、无形参两种函数形式。

1）有形参FC功能块，是指编辑FC功能块时，在局部变量声明表中定义了形参，使用了虚拟的符号地址完成控制程序的编程，以便在其他块中能重复调用有形参FC功能块，调用时用实参取代形参参与程序运行。

2）无形参FC功能块，是指在编辑FC功能块时，在局部变量声明表中不定义形参，而是直接使用绝对地址完成控制程序的编程。这种方式一般应用于分步式结构的程序编写，每个功能实现整个控制任务的一部分，无形参FC功能块不能重复调用。

FC参数的功能描述见表3-28。

表 3-28　FC 参数的功能描述

| 参数名称 | 读写访问 | 功能描述 |
|---|---|---|
| Input | 只读 | 用于接收主调用块提供的输入参数 |
| Output | 只写 | 用于将函数(FC)的执行结果返回给主调用块 |
| Inout | 读写 | 接收主调用块提供的数据后进行运算，然后将执行结果返回主调用块 |
| Temp | 读写 | 临时局部数据，仅在 FC 调用生效时，用于存储临时中间结果变量 |
| Constant | 只读 | 声明符号名的常量，FC 可使用符号名代替常量 |
| Return | 只写 | 自动生成返回值，与函数名称相同。默认为 Void 参数类型，表示函数无返回值；若修改为其他类型，则可以在函数中使用 |

## 三、S7-1200 PLC 的编程方法

1. 线性编程

线性编程是将所有执行的程序均设计在循环组织块 OB1 中，CPU 在循环扫描时，依次

执行所有的指令，其程序结构比较简单，但 CPU 工作效率低。若程序中有功能相似或相同的程序段，需要重复编写，编程效率较低。对于控制功能较为简单的程序，可以采用此方法进行编程。

2. 模块化编程

将控制任务分为不同的功能块，即可对程序进行模块化分解，并由不同设计者同时编辑，设计不同的功能模块，然后各个模块由 OB1 依据执行条件进行组织调用。模块化设计的层次清晰，使用灵活，便于调试。

3. 结构化编程

结构化编程要求将类似或相关的任务归类，形成通用的解决方案，并在相应的程序块中编程，可以在 OB1 或其他程序块中调用该程序。调用程序块时，采用不同的实参赋值给程序块的形参，从而简化程序设计。结构化编程中被调用块和调用块之间有数据交换，需要对数据进行管理。结构化编程必须对系统功能进行合理的分析、分解和综合，对编程设计人员的要求较高。

## 四、工艺对象

工艺对象

在 S7-1200 PLC 电气控制系统中，为了便于完成对复杂控制对象、控制过程的控制（如运动控制、PID 控制），可以采用工艺指令，使程序设计简单化。Portal 软件引入了工艺对象的概念，进行设备组态设计时，在左侧项目浏览器中的"工艺对象"文件夹下双击"新增对象"，将与被控对象对应的一个虚拟对象引用到设备组态设计中，即由工艺对象与其背景数据块共同构成实际被控对象的一个映射，再进行相应的组态设置。工艺对象的参数影响工艺指令的操作，将被控对象、控制过程控制的工艺参数设置在工艺对象的背景数据块中，以备指令调用。

工艺对象也可以通过添加工艺指令的方式自动添加，S7-1200 PLC 的工艺指令包括高速计数器指令、PID 控制指令和运动控制指令。例如将 PID 控制指令插入用户程序时，系统会自动为指令创建工艺对象和背景数据块。背景数据块包含 PID 指令要使用的所有参数，每个 PID 指令必须具有唯一的背景数据块才能正常工作，因此插入 PID 指令并创建工艺对象和背景数据块之后，需要组态工艺对象的参数，单击 PID 工艺指令的组态图标，即可进行参数的设置、运行调试以及诊断等。

## 五、变量及变量表

在 PLC 程序设计中会运用到大量的变量，用户需要对输入、输出、中间变量定义不同的符号名，方便程序编辑中对符号寻址的运用。因此，每个变量会有一个符号名，即标签。

对于 DB，符号名即建立 DB 时定义的符号名。对于非 DB 的变量，变量建立的方法是建立变量表，在变量表中声明变量，包括定义变量的名称、数据类型、地址及属性设置等内容，所有的变量都有绝对地址。TIA Portal 软件默认使用 IEC 61131-3 标准，其变量地址用特殊字母序列来指示，字母序列的起始用符号"%"，跟随一个范围前缀和一个数据前缀（数据类型）表示数据长度，最后用数字序列表示存储器的位置，例如%MB7、%MW1 和%I0.0。注意：通常以起始字节的地址作为字和双字的地址，即%MW100 代表的地址为%MB100 和%MB101，%MD100 代表的地址为%MB100～%MB103。

变量表中还可进行断电保持性、HMI 可访问等变量属性设置。如果变量选择断电保持性，即在该项打"√"，则当 PLC 断电时，会在特定区域保存该变量的值，当恢复送电时，数据也就恢复了。如果选择"在 HMI 列表中可见"，则该变量会在 PLC 的默认变量里出现；在"HMI 可访问"属性打"√"，则 HMI 可以对该变量访问并组态，否则变量无法被 HMI 读写。

在变量表中选择监控，在工具栏单击图标 ，即可在线监控变量的值。通过建立不同变量表的方式可以对变量进行统一管理，编程者可以自行定义变量表的名称。图 3-30 所示为"电机控制变量表"，其内容可以依据需要进行变量的增减。

| | | 名称 | 数据类型 | 地址 | 保持 | 可从... | 从 H... | 在 H... | 注释 |
|---|---|---|---|---|---|---|---|---|---|
| 1 | | 电机起动 | Bool | %I0.0 | | ☑ | ☑ | ☑ | |
| 2 | | 电机停止 | Bool | %I0.1 | | ☑ | ☑ | ☑ | |
| 3 | | 电机M1 | Bool | %Q0.2 | | ☑ | ☑ | ☑ | |
| 4 | | <新增> | | | | ☑ | ☑ | ☑ | |

图 3-30　电机控制变量表的建立示例界面

对于位存储区的变量、输入输出映像区的变量、定时器和计数器等，其符号地址均保存在符号表"SYMBOL"中。在 TIA Portal 中，每个变量都会分配一个唯一的 ID 号，用户无法查看。因此，一个变量建立了符号名、绝对地址、ID 号三者之间对应的关系。若修改变量符号名，绝对地址与 ID 号不变；修改绝对地址，符号名与 ID 号不变。程序运行是以 ID 号为基准访问变量，因此用户无论修改符号名还是绝对地址，程序只要依循 ID 号依然可以访问相关变量。在变量表中定义变量后，即可在程序编辑器中选用和显示变量，可依据需要显示变量的符号、地址，还可以定义和更改变量。

以上在 DB 及变量表中定义的变量称为全局变量，在全局程序中有效，而在编写带参数代码块时，需要用到局部变量，如 FC、FB 的形参均为局部变量。用变量寻址时，其变量名前加"#"，如#mary。

# 第五节　TIA Portal 软件基本操作

**学习目标**：熟悉 TIA Portal 软件的基本功能，掌握软件的基本操作以及 S7-1200 PLC 硬件组态、程序设计的方法。

S7-1200 PLC 控制系统的设计采用 TIA Portal 软件。TIA Portal 是西门子新一代全集成工业自动化的工程技术软件，具有一体化工程全面透明操作的设计框架，软件操作直观、简便、实用，通过功能强大的编辑器、通用符号实现项目数据的统一管理，数据一旦创建，所有编辑器中均可使用，若有数据更改，纠正内容将自动应用和更新到整个项目中。

TIA 软件界面操作

TIA Portal 软件采用通用、一体化的设计理念进行集成的工程组态、自动化程序设计以及可视化编辑，满足了自动化控制工程设计的需求。

# 一、TIA Portal 软件功能

TIA Portal 的视图有 Portal 视图和项目视图，其中 Portal 视图结构清晰地显示了自动化任务设计所有必需的步骤。Portal 视图提供了"启动"："设备和网络""PLC 编程""运动控制技术""可视化"及"在线与诊断"五个任务设计选项，用户可以基于工作任务的方式构建自动化控制设计的解决方案，依据任务选项可以快速确定要执行的操作并启动所需的相关工具。图 3-31 所示为 Portal 视图的界面。

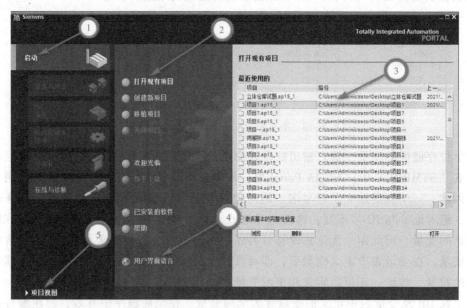

图 3-31  Portal 视图界面

在图 3-31 中，①选择 Portal 的基本任务；②选择 Portal 任务所对应的操作；③选择操作所对应的选择窗口；④选择用户界面语言；⑤切换到项目视图。

单击界面中的"项目视图"，可切换到项目视图界面。项目视图界面如图 3-32 所示。项目视图是项目中所有组件的分层结构化视图，允许用户快速且直观地访问项目中的所有对象、相关工作区和编辑器。使用编辑器可以创建和编辑项目中需要的所有对象。

在图 3-32 中，①菜单栏：项目工作所需要的命令；②项目树：显示项目的所有组件，访问项目数据；③工具栏：提供常用的命令按钮；④工作区：当前编辑的工作对象显示区域；⑤任务卡：对应编辑工作任务的任务卡，辅助编辑，可折叠或打开；⑥巡视窗口：显示所选对象或已执行动作的其他信息；⑦Portal 视图：切换到 Portal 视图；⑧详细视图：显示所选对象的特定内容。

在项目树中单击"设备和网络"编辑器，可以进行硬件组态，设置设备各个模块的参数。视图分为拓扑视图、网络视图和设备视图，用户可以进行切换。图 3-33 所示为设备视图界面。

在图 3-33 中，①视图切换区：在"拓扑视图""网络视图"和"设备视图"之间切换；②设备视图工具：切换不同组态设备；③硬件目录选项卡：便捷地访问各个硬件的组态；④设备视图表格区：总览所用模块及重要组态、技术参数；⑤设备视图的图形区：显示硬件

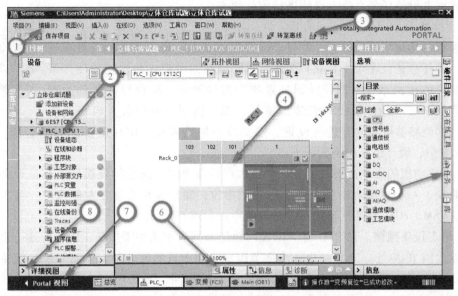

图 3-32　项目视图界面

图 3-33　设备视图界面

组件，可拖拽所选设备到机架上；⑥巡视窗口：显示所选对象的相关信息，并在其属性选项卡进行参数设置。

## 二、TIA Portal 软件设计的主要内容

典型的自动化控制系统软件设计的内容主要包括：①程序设计实现 PLC 对自动化设备的控制；②借助 HMI 设备实现人机交互功能及对设备的操作、监控及报警等可视化功能。

而在完成以上设计任务之前，必须进行硬件组态。

1. 硬件组态

在进行自动化项目设计时，首先要进行硬件组态，硬件组态是项目设计的基础，其任务是：在 TIA Portal 的设备和网络视图中建立与实际的硬件系统一一对应的虚拟系统，选择并添加系统所需的设备，确定硬件设备的型号、订货号、版本号以及模块安装位置等信息；同时，对设备及模块的属

硬件组态

性、参数和网络参数等内容进行设置，建立设备网络连接，实现设备之间的通信。在 TIA Portal 软件中，硬件组态的步骤如下：

1）建立虚拟的硬件设备系统。选择添加新设备 PLC、配置扩展模块及其他设备；通常 DI/DQ 模块、AI/AQ 模块布置在 PLC 的右侧槽位，通信模块布置在左侧槽位，将实际设备（如 PLC、SM、HMI 触摸屏等）在设备视图中进行组态。

2）组态设备网路。在 PLC 的 "以太网地址" 属性选项中添加新子网，并逐一设置每台设备的以太网 IP 地址。IP 地址由 4 个字节组成，用十进制数表示，控制系统一般使用固定的 IP 地址。注意：前三个字节应与 PC 的子网地址相同，如设置 PLC 以太网接口默认的子网地址 192.168.0.x，IP 地址的第 4 个字节是子网内设备的地址，x 可以取 0~255 中的某个值，但不能与子网中其他设备的 IP 地址冲突。子网掩码是一个 32 位二进制数，用于将 IP 地址划分为子网地址和子网内节点的地址。单击 "子网掩码" 输入框，自动出现默认的子网掩码 255.255.255.0，此处采用默认值即可。以上设置完成后，在网络视图中将各设备之间的以太网口连接，建立设备之间的通信网络。

3）对系统设备的属性及参数进行设置，结合项目任务要求，对硬件设备进行 I/O 地址、数据通道和硬件开启等内容设置，如开启高速计数器（HSC）、PTO、硬件中断、DI/DO 通道的地址及通道属性等。

进行硬件设备组态时，系统会产生与模块匹配的一些系统常量，这些常量一般用于诊断程序。若检测到某个硬件故障，系统会反馈这个硬件模块的对应数值，并依据数值的变化确定哪个模块出现了故障。

2. 程序设计

硬件组态完成后即可进行程序设计。程序设计的主要步骤如下：

1）建立变量表。单击项目树中的 "PLC 变量" → "添加变量表"，用户可以命名变量表，并在变量表中对项目所需的变量进行命名、分配地址以及属性设置等。编程时可将其中的变量拖拽到梯形图中，以提高编程效率。

2）程序编辑器的设置。在命令菜单中单击 "选项" → "设置"，选中工作区左边窗口中的 "PLC 编程" 文件夹，也可以在编辑器上方的工具栏中单击不同功能的按钮，对程序编辑器的属性进行设置。例如：程序编辑器中变量的地址有三种显示方式，用户可以在 "符号和绝对" "符号" 以及 "绝对" 三种变量地址显示方式之间切换；可以设置程序是否显示注释；如果勾选了 "代码块的 IEC 检查" 复选框，代码块将采用 IEC 检查；程序的 "助记符" 一般采用默认的 "国际"。"操作数域" 的 "最大宽度" 是操作数域水平方向可以输入的最大字符数，决定了触点、线圈和方框指令的宽度。用户可依据项目程序编辑所需的功能进行设置。

3）编写程序。指令收藏夹用于存放常用的指令，编程者可以将指令列表中项目设计常

用的指令拖拽到收藏夹，也可以用鼠标选中不需要的指令，单击鼠标右键并删除指令。单击程序编辑器工具栏上的按钮 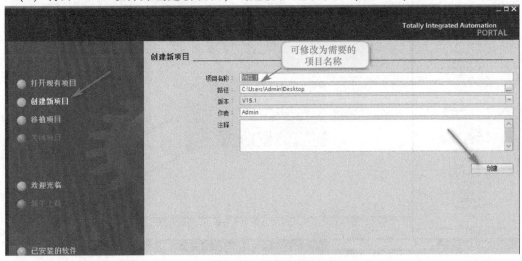，可以在程序区的上方显示收藏夹存放的指令，以便于快速访问指令并进行编程。程序设计完成后，在项目工具栏中单击编辑按钮 进行程序编辑，检查编程语句是否有错误。

4) 下载项目到PLC。程序编译成功后，单击按钮 ，系统弹出"下载预览"对话框。勾选"全部覆盖"复选框，单击"下载"按钮，开始下载。下载结束后，系统弹出"下载结果"对话框，勾选"全部启动"复选框，单击"完成"按钮，完成下载，PLC切换到RUN模式。

可以用"在线"菜单中的命令或右击快捷菜单中的命令启动下载操作，也可以在打开某个代码块时，单击工具栏上的下载按钮，下载该代码块。

下载时如果找不到可访问的设备，应勾选"显示所有兼容的设备"复选框，再单击"开始搜索"按钮。选中项目树中的"PLC_1"，单击工具栏上的"下载"按钮，系统弹出"扩展的下载到设备"对话框。程序编辑下载完成后，确无硬件及软件错误，即可运行程序，并在线监控运行状态。

选中项目树中的项目名称，执行菜单命令"在线"→"将设备作为新站上传（硬件和软件)"，系统弹出"将设备上传至PG/PC"对话框。在"PG/PC接口"下拉列表中选择实际使用的网卡。

单击"开始搜索"按钮，经过一定的时间后，在"所选接口的可访问节点"列表中出现连接的CPU和它的IP地址。选中可访问节点列表中的CPU，单击对话框下面的"从设备上传"按钮，上传成功后，可以获得CPU完整的硬件配置和用户程序。

# 三、TIA Portal 软件的基本操作

下面举例说明在TIA Portal软件编辑环境下建立一个新项目、硬件组态及OB、FC程序设计的基本操作步骤。

（1）打开Portal软件并创建新项目，创建新项目并命名（图3-34）

图3-34　创建新项目

（2）添加 PLC 及其扩展模块

1）在项目树中单击"添加新设备"，在弹出的对话框中找到所用 PLC 设备的订货号，选中并确定添加，如图 3-35 所示。

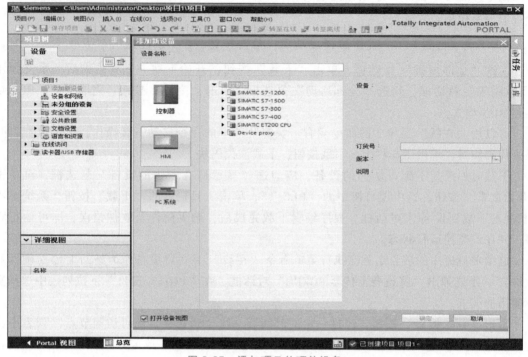

图 3-35　添加项目的硬件设备

2）添加扩展模块，在设备视图的硬件目录中搜索所需硬件设备的订货号，选择并添加设备，如图 3-36 所示。

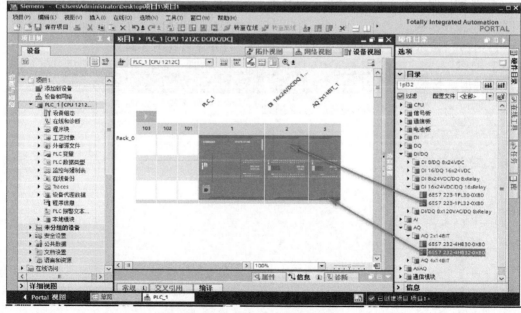

图 3-36　添加项目的硬件设备

（3）PLC 属性设置

1）双击所添加的 PLC_1 主机模块，打开 PLC_1 组态对话框，添加新子网，并设置以太网 IP 地址，如图 3-37 所示。

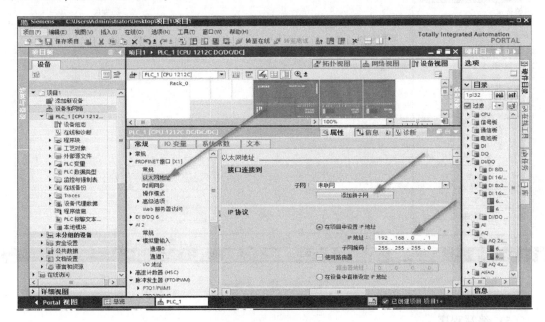

图 3-37　添加新子网

2）打开系统和时钟存储器，方便编程设计使用，如图 3-38 所示。

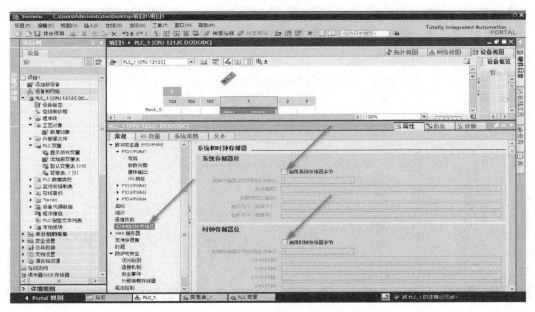

图 3-38　启动系统和时钟存储器

（4）添加变量表　在项目树中选择"PLC 变量"→"添加新变量表"，在变量表中添加项目所需的变量，并声明变量数据类型、分配变量地址，如图 3-39 所示。

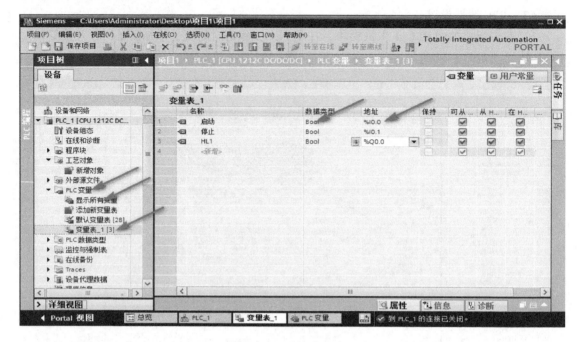

图 3-39　建立变量表

（5）编写程序

1）在项目树中的"PLC_1"文件夹下，选择"程序块"，单击"添加新块"，选择 FC 并对其命名，如图 3-40 所示。

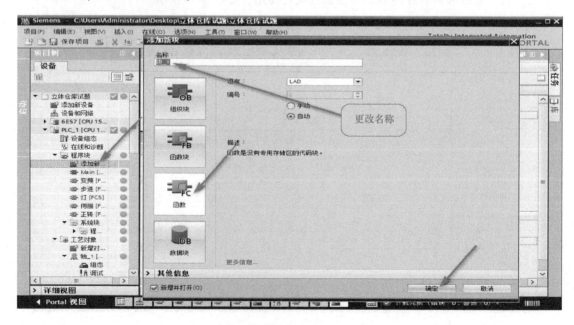

图 3-40　新建 FC 程序块

2）在添加的 FC 中编写程序，如图 3-41 所示。

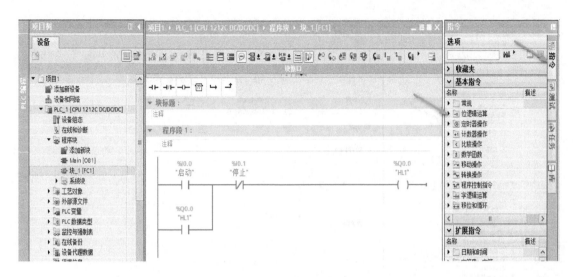

图 3-41 编写程序

3）新建"Main"循环组织块，双击"Main［OB1］"并打开，用鼠标将 FC 拖拽到 OB 中，如图 3-42 所示。

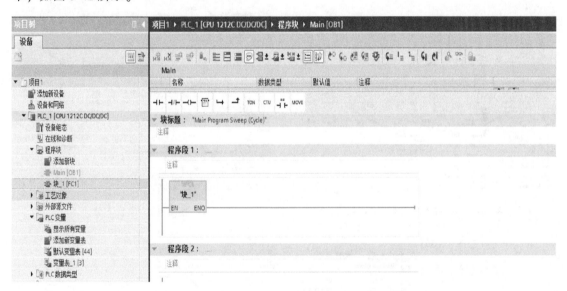

图 3-42 新建"Main"程序块

（6）编译 选中当前 PLC，单击上方的"编译"按钮，如图 3-43 所示。

（7）下载硬件及软件

1）首次下载时，选择硬件和软件一起下载，如图 3-44 所示。

2）项目下载到 PLC_1，下载完成，如图 3-45、图 3-46 所示。

（8）运行程序和监控 选中"PLC_1"，单击"转至在线"，然后单击"启用/禁用监视"按钮，按下启动 I0.0 接入的按钮，可以直接观测到能流流动的情况，如图 3-47、图 3-48 所示。

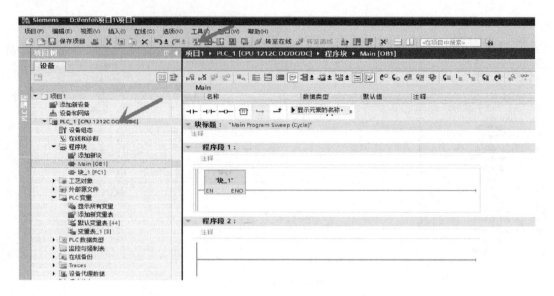

图 3-43　编译

图 3-44　选择下载硬件和软件

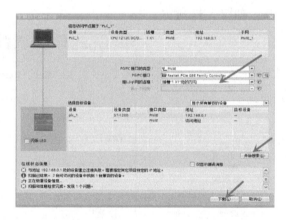

图 3-45　项目下载

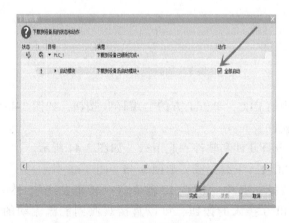

图 3-46　项目下载完成

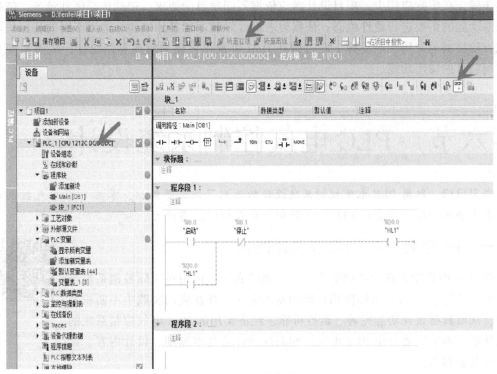

图 3-47　监控操作

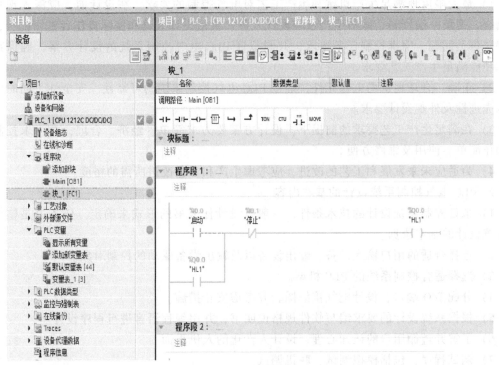

图 3-48　运行监控

以上介绍了在 TIA Portal 软件编辑环境下完成硬件组态、程序设计以及运行监控的操作基本步骤。在实际应用中，项目设计者应依据不同项目的要求，正确选择硬件设备，依据硬件控制功能的需要进行硬件组态；依据要求设计好程序的整体结构，运用不同的程序块功能完成自动控制的应用程序设计；同时做好 HMI 可视化界面的监控界面设计，从而实现自动化控制项目的应用功能。

# 第六节　PLC 电气控制系统设计

**学习目标**：熟悉 PLC 电气控制系统设计的原则、内容等知识，掌握 PLC 电气控制设计的基本方法及步骤，提高对 PLC 电气控制系统设计的应用能力。

## 一、PLC 电气控制系统设计概要

学习了 PLC 相关理论基础知识后，要能够真正地运用在实际控制系统当中，必须熟练掌握 PLC 实际应用设计的基本方法，并在应用实践中不断积累经验，从而具备设计功能完善、运行可靠、经济实用的 PLC 电气控制系统的实践技能。本节主要介绍 PLC 电气控制系统设计的基本原则、设计内容、设计方法及步骤等。

PLC 系统设计的基本方法与步骤

1. PLC 电气控制系统设计的基本原则

1）最大限度地满足生产机械和生产工艺对电气控制的要求。在设计前，应深入现场进行调查，搜集一线资料，并与生产过程设计人员、机械设计人员和实际操作者密切配合，协同解决各类问题，明确控制任务要求，共同拟订 PLC 电气控制系统的设计方案，确保系统设计功能满足生产工艺要求。

2）正确、合理地选用电器元件，确保 PLC 电气控制系统的可靠性、安全性，同时考虑技术先进性及外观设计要求。

3）在满足生产工艺要求的前提下，设计方案要力求简单、经济、合理，并力求控制系统操作简单、使用及维修方便。

4）为适应未来发展和工艺的改进，应考虑生产和工艺改进所需的裕度。

2. PLC 电气控制系统设计的基本内容

1）拟订控制系统设计的技术条件，一般以设计任务书的形式来确定。任务书是整个控制系统设计的基本依据。

2）选择合适的用户输入设备、输出设备以及输出设备驱动的控制对象。

3）选择适合控制系统的 PLC 机型。

4）分配 I/O 端口，设计电气接线图，并考虑安全措施。

5）根据系统设计的要求编写软件规格说明书，并用编程语言进行程序设计。

6）了解并遵循用户的认知心理，设计人性化的人机界面。

7）调试程序，包括模拟调试、联机调试。

8）设计控制柜，编写系统交付使用的技术文件、说明书、电气图和电器元件明细表。

9）验收、交付使用。

3. PLC 电气控制系统设计的一般步骤

PLC 电气控制系统的设计要求设计者熟悉控制对象，熟悉被控对象的生产工艺过程及其对控制系统的要求，各种机械、液压、气动、仪表与电气系统之间的关系，控制系统的工作方式（如自动、半自动、手动等），PLC 与系统中其他电气装置之间的关系，人机界面的类型，通信联网的方式，报警事件及报警方式，电源停电及紧急情况的处理等。PLC 电气控制系统设计的基本步骤如下：

1）选择控制系统的输入设备（如按钮、操作开关、行程开关、传感器等）、输出设备（如继电器、接触器、信号指示灯等执行元件），以及由输出设备驱动的控制对象（如电动机、电磁阀等）。

确定 PLC 的输入信号、输出信号及其类型，信号是数字量还是模拟量，是直流量还是交流量，以及电压的大小等级等，确定信号的数量，为 PLC 的选型和硬件配置提供技术依据。

设计过程中，需要明晰控制信号以及控制对象之间的关系，可以按信号用途或控制区域进行划分，也可将控制对象和控制功能进行分类，确定检测设备和控制设备的物理位置，明确每一个检测信号和控制信号的形式、功能、规模以及互相之间的关系，然后设计工艺流程图或信号图。

2）正确进行 PLC 的选型，确定硬件配置，确保控制系统的技术规格及经济性能指标。

根据被控对象对控制系统的要求及 PLC 的输入量、输出量的类型和点数，选择 PLC 系列，包括机型的选择、容量的选择、I/O 模块的选择及电源模块的选择等。对于整体式 PLC，应确定 CPU 主机模块的型号；对于模块式 PLC，应确定主机模块型号及扩展模块的数量，具体型号应查阅产品说明书或咨询生产厂家，以免因产品更新或改型影响工作正常进行。

3）设计电气原理图并编制材料清单。PLC 硬件配置确定后，根据信号图及外部输入/输出元件与 PLC 的 I/O 点的连接关系，设计电气原理图并整理出设备元器件及材料清单。

4）设计控制台（柜）。根据电气原理图及具体元器件的规格尺寸，设计控制台（柜）。

5）绘制电器元件布置图及电气安装接线图，以便进行电器设备的装配。

6）编写 PLC 应用控制程序，根据被控对象的工艺过程，通过控制程序完成系统的各项控制功能。对于较简单系统的控制程序，可以直接进行程序设计。对于比较复杂的系统，一般要先画出系统的工艺流程图，然后再编制控制程序。PLC 电气控制系统设计流程图如图 3-49 所示。

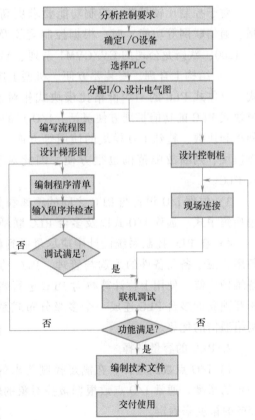

图 3-49 PLC 电气控制系统设计流程图

## 二、PLC硬件控制系统设计

在工业自动化控制的生产线上，需要不同类型的控制信号进行设备控制，例如电机的起停，电磁阀的开闭，产品的计数，温度、压力、流量的设定与控制等。PLC是用于解决这一类自动控制问题最有效的工具之一。

1. PLC机型的选择

随着PLC的推广普及，PLC产品的种类和数量越来越多。近年来，从国外引进的PLC产品、国内自主研发的产品已有几十个系列，上百种型号。PLC的品种繁多，其结构形式、性能、容量、指令系统和编程方法等各有不同，PLC机型的选择在满足控制要求的前提下，应力求满足控制系统运行可靠性高、经济性好，便于维护与检修等基本要求，具体应考虑以下几方面：

1）PLC的性能要与控制任务相适应。对于小型单台、仅需要数字量控制的设备，一般的小型PLC（如西门子公司的S7-200系列、S7-1200、欧姆龙公司的CPM1/CPM2系列、三菱公司的FX系列等）都可以满足要求。对于以数字量控制为主，带有少量模拟量控制的控制系统（如工业生产中常遇到的温度、压力、流量等连续量的控制），应选用带有模拟量输入模块和输出模块且运算、数据处理功能较强的小型PLC。

对于控制比较复杂、控制功能要求更高的工程项目（例如要求实现PID运算、闭环控制、通信联网等功能）时，根据控制规模及复杂程度选用中档或高档机，如西门子公司的S7-1200、欧姆龙公司的CV/CVM1系列、AB公司的ControlLogix系列等。

2）结构上合理、安装要方便、机型上应统一。按照物理结构，PLC分为整体式和模块式。整体式PLC的平均价格比模块式相对便宜，建议在小型控制系统中采用整体式PLC。模块式PLC的功能扩展方便灵活，I/O点的数量、输入点数与输出点数的比例、I/O模块的种类和块数、特殊I/O模块的使用等方面的选择余地都比整体式PLC大得多，且维修时更换模块、判断故障范围也很方便，因此对于比较复杂、要求较高的系统一般应选用模块式PLC。

3）根据I/O设备与PLC之间的距离和分布范围确定PLC的安装方式。PLC的安装方式包括集中式、远程I/O式以及多台PLC联网的分布式。

4）在PLC控制系统设计中应尽量做到机型统一，因为同一机型的PLC，其模块可互为备用，便于备品备件的采购与管理，PLC功能及编程方法统一，有利于现场技术培训及设备维护检修。使用上位计算机对PLC进行管理和控制时，外部设备通用，资源可共享，将相互独立的多台PLC连成一个多级分布式系统，实现相互通信、集中管理，可以充分发挥网络通信的优势。

2. PLC的容量选择

1）I/O点数的选择。在满足控制要求的前提下，力争使用的I/O点最少，但必须留有一定的裕度。通常I/O点数根据被控对象的输入、输出信号实际需要的数量，再加上10%~15%的裕度来确定。

2）存储容量的选择。用户程序所需的存储容量大小不仅与PLC系统的功能有关，还与功能实现的方法、程序设计者的编程水平有关，初学者应该在存储容量估算时多留裕度。存储容量可按式（3-1）估算，再加20%~30%的裕度。

$$存储容量(字节) = 开关量\ I/O\ 点数×10 + 模拟量\ I/O\ 通道数×100 \qquad (3-1)$$

3. I/O 模块的选择

对于小系统一般不需要 I/O 扩展；当系统较大时就要进行 I/O 扩展。不同产品对系统扩展模块的数量都有限制，当扩展仍不能满足要求时，可采用网络结构。有些厂家产品的个别指令不支持扩展模块，在进行软件编制时需要注意。

1）DI/DQ 模块的选择。开关量输入信号的电压等级有直流 5V、12V、24V、48V、60V 等，交流 110V、220V 等。选择时主要根据现场输入设备与输入模块之间的距离来考虑，5V、12V 和 24V 用于传输距离较近的场合，如 5V 电压输入模块最远不得超过 10m，距离较远的应选电压等级较高的模块。

直流输入模块的延迟时间较短，还可以直接与接近开关、光电开关等电子输入设备连接；交流输入模块可靠性好，适合在有油雾、粉尘的恶劣环境下使用。用户可根据现场输入信号和周围环境因素等进行选择。

DQ 模块的输出电流必须大于外接输出设备的额定电流。如果实际输出设备的电流较大，输出模块无法直接驱动，可适当增加中间放大环节。

选择 DQ 模块时，还应考虑能同时接通的输出点数量，同时接通输出设备的累计电流值必须小于公共端所允许通过的电流值。例如，一个 220V/2A 的 8 点输出模块，每个输出点可承受 2A 的电流，但输出公共端允许通过的电流并不是 16A（8×2A），通常要比此值小得多，一般同时接通的点数不要超出同一公共端输出点数的 60%。

2）AI/AQ 模块的选择。对于自动化生产过程中的运行参数（如温度、压力、液位、流量等），需要通过不同的检测装置转换为相应的模拟量信号，再将模拟量信号通过 AI 模块转换为数字信号，然后输入到 PLC 内部。模拟量输入模块接收电量或非电量变送器提供的标准量程的电流或电压信号，其选型与外部变送器有较大的关系。

选用 AI 模块时应注意模块的输入通道数、模块的量程。PLC 的 AI 模块一般可以提供多种信号量程供用户选用，典型 AI 模块的量程为 -10~10V、0~10V 和 4~20mA 等，可根据实际需要选用，同时还应考虑其分辨率、转换精度以及模块的转换速度与数据采样周期匹配等因素。

一些 PLC 制造厂家还提供了特殊的模拟量输入模块，如西门子 SM1231，热电偶和热电阻模拟量输入模块可用来直接输入热电偶、热电阻温度传感器的测量信号，使外电路更为简单。

AQ 模块是将 PLC 内部的数字量转换为模拟量信号输出。选择 AQ 模块时应注意：AQ 模块的 AQ 模块输出信号应与驱动负载的信号类型相匹配，如输出电压或电流信号：0~5V、0~10V、0~20mA、4~20mA，一般 4~20mA 最为常见。

4. 特殊功能模块的选择

目前，PLC 制造厂家已推出了一些具有特殊功能的 I/O 模块，自带 CPU 的智能型 I/O 模块，如高速计数器、凸轮模拟器、位置控制模块、PID 控制模块和通信模块等，可满足模拟量的闭环控制、高速计数、运动控制和过程控制的控制要求。

5. PLC 冗余设计

对可靠性要求极高的控制系统，应考虑采用 PLC 冗余设计，设计具有备用 PLC 的控制系统。

# 三、PLC 软件设计

在编制软件前，应熟悉所选用 PLC 产品的软件说明书，结合控制系统任务书要求绘制控制系统工艺流程。程序设计完成后，先进行模拟运行监控及调试，然后在实际设备上进行调试。

1. PLC 软件设计的步骤

1）对于复杂的控制系统，应绘制编程流程图。

2）设计梯形图。

3）将程序下载到 PLC 进行模拟调试并修改，直到满足要求为止。

4）现场施工完毕后进行联机调试，直至可靠地满足控制要求。

5）编写技术文件。

6）交付使用。

2. PLC 软件设计的其他内容

PLC 软件设计应最大限度地满足控制要求，完成所要求的控制功能。除控制功能外，通常还应包括以下几个方面的内容：

1）初始化程序。在 PLC 通电运行后，应做初始化的操作，其作用是为系统设备起动做必要的准备。起动前运行设备回到起始位置，避免开机运行系统设备发生误动作。

2）检测、故障诊断、显示程序。程序中一般都包含检测、故障诊断和显示程序等内容，以便在系统运行中及时监测运行数据，判断故障等。

3）保护、联锁程序。在各种应用程序中，保护和联锁是不可缺少的部分，以避免由于误操作而引起的控制逻辑混乱，保证系统的运行更加安全可靠。

3. 软件质量的衡量标准

1）程序的正确性：能正确、完整地实现控制系统预期的功能，程序的正确性只有在系统运行实践中才能得以验证。

2）程序的可靠性：是指程序对外界信号、误操作等情况的抗干扰能力。可靠的应用程序可以保证系统在正常和非正常工作条件下都能安全可靠地运行，如在短时掉电再复电、某些被控量超标等，也能保证在出现误操作情况下不至于出现系统失控。

3）参数的易调整性：系统运行的参数易于修改。在设计程序时就应考虑怎样编写程序方便修改，以便于后续快速改变系统的某些功能，如更改控制量的参数、计数器的设定值等。

4）程序的简洁性：程序内容应尽可能简练，便于运行调试及修改。

5）程序的可读性：为了便于交流学习，程序的设计逻辑应清晰并配有注释，以便于编程者及阅读者快速理解程序的内容及设计思路。

4. 程序的调试

1）模拟调试。将设计好的程序逐条仔细检查，然后下载到 PLC 运行，PLC 输入、输出量的通/断状态采用 PLC 本体的发光二极管来模拟显示。调试中应针对控制功能的要求一一对照检查，发现问题后应及时排除，直到输入量与输出量之间的关系完全符合控制系统的功能要求。

2）现场调试。当 PLC 电气控制系统硬件设备安装接线完成后，即可进行系统设备的联合调试。在调试过程中，如果达不到控制任务的要求，则对相应硬件或软件部分做适当调整，针对控制系统电路图、程序设计和外部设备等方面可能出现的问题，进行综合分析研究，排除故障，待控制系统调试通过后，经过一段时间的试验，即可投入正式的实际运行。

## 春风细语

当前可编程逻辑控制器的主流产品是西门子、施耐德、欧姆龙、ABB 和罗克韦尔等国外品牌，而我国可编程逻辑控制器的引进及应用、研制与开发均起步较晚，在引进设备中大量使用了可编程逻辑控制器，并不断扩大其应用范围。目前，我国生产的中小型可编程逻辑控制器（如永宏、和利时、信捷等）已经取得了较好的技术突破，但高端产品严重不足，在市场竞争中仍然处于劣势，与世界先进水平仍有差距。因此，我们需要加倍努力，大力发展民族自主产业。随着我国现代化进程的不断深入，相信我国自主研发的 PLC 将会有更好的技术发展。

## 习题与思考

3-1　S7-1200 PLC 的硬件系统主要由_____、_____和_____构成。

3-2　CPU1214C 有集成的_____点数字量输入、_____点数字量输出、_____点模拟量输入、_____点高速输出以及_____点高速输入。

3-3　S7-1200 PLC 最多可以扩展_____个信号模块、_____个通信模块。信号模块安装在 CPU 的_____边，通信模块安装在 CPU 的_____边。

3-4　PLC 的输出方式为晶体管型时，它适用于（　　）负载。

A. 感性　　　　　　　B. 交流　　　　　　　C. 直流　　　　　　　D. 交直流

3-5　工业中控制电压一般为（　　）伏。

A. 24V　　　　　　　B. 36V　　　　　　　C. 110V　　　　　　　D. 220V

3-6　PLC 的开关量输入端口为（　　）。

A. AI　　　　　　　　B. DI　　　　　　　　C. AO　　　　　　　　D. DO

3-7　PLC 的基本数据类型有哪些？

3-8　什么是寻址方式？S7-1200 PLC 有哪些存储区？

3-9　S7-1200 PLC 的寻址方式有哪些？

3-10　冷启动和暖启动的区别是什么？

3-11　什么是组织块？有哪些类型？其功能是什么？

3-12　简述循环中断组织块的执行过程。

3-13　FB 块与 FC 块的应用有什么区别？

3-14　PLC 电气控制系统设计的基本原则是什么？

3-15　某控制系统需要 16 点数字量输入、16 点数字量输出、4 点模拟量输入和 2 点模拟量输出，试选择合适的 PLC 输入/输出模块。

3-16　PLC 软件设计有哪些方法？各有什么特点？

# 第四章 PLC电气控制系统
## CHAPTER 4

知识目标：熟练掌握PLC电气控制电路设计、程序设计的基本方法，熟悉顺序控制系统的特点，理解功能表图的结构组成及作用，掌握顺序控制设计的方法与步骤。

能力目标：具备PLC电气控制电路设计、程序设计以及顺序控制系统设计的能力，能进行PLC电气控制设备的安装接线及运行调试。

PLC电气控制系统以PLC为核心控制器件，通过PLC外部的输入/输出设备，实现某一特定的控制功能。本章主要介绍PLC与外部硬件设备之间的电气线路设计，结合PLC控制应用设计案例，介绍PLC控制系统设计的基本方法与步骤。

# 第一节　PLC 电气电路接线设计

学习目标：熟悉PLC与输入/输出设备之间电气接线的基本特点，掌握PLC外部开关量、模拟量和脉冲量等不同类型信号输入/输出通道的电路设计方法。

在PLC电气控制系统设计中，针对用户对控制任务提出的功能要求，需要进行PLC电气控制电路的设计、电气设备安装接线及运行调试。自动化控制现场的外部信号输送给PLC输入端口，PLC完成信号采集，并在其内部进行相应程序的运行，运行结果刷新到PLC的输出通道，驱动、控制外部执行元件，从而实现PLC控制任务的要求。因此正确地进行PLC外部输入、输出通道的电路接线是PLC运行控制的基础。本节结合PLC外部输入、输出电路的应用设计，介绍PLC电气控制系统接线的基本方法。

## 一、CPU 主模块电源接线

CPU主模块包含CPU芯片，其电源的类型包括交流电源和直流电源，模块的额定电压各不相同。在PLC主机电源接线前，需依据产品技术手册，仔细核对所采用CPU主模块的电源类型，按照CPU模块要求的电源类型及额定电压进行电源接线，并做好PLC元器件的接地保护，确保PLC设备安全可靠运行。

西门子 S7-1200 PLC 主模块的电源类型见表 4-1。

表 4-1  CPU 主模块的电源类型

| 型号 | 电源电压 | DI 输入电压 | DQ 输出电压 | DQ 输出电流 |
|------|----------|------------|------------|------------|
| DC/DC/DC | DC 24V | DC 24V | DC 24V | 0.5A；MOSFET |
| DC/DC/Relay | DC 24V | DC 24V | DC 5～24V；AC 5～250V | 2A，DC 30W；AC 200W |
| AC/DC/Relay | AC 85～250V | DC 24V | DC 5～10V；AC 5～250V | 2A，DC 30W；AC 200W |

图 4-1 所示为单相 AC 220V 供电接线，通过专用直流稳压电源提供 DC 24V 电源。为了提高抗干扰能力，可加装电源抗干扰元件，如电源滤波器或隔离变压器。

图 4-2 所示为三相 AC 380V 供电接线，通过单相隔离变压器将 380V 降为 220V 交流电源。变压器可起到很好的隔离作用，提高 PLC 电气控制系统的抗干扰能力。

注意：CPU 主模块上通常有 DC 24V 电源输出，但该电源容量小，输出电流为几十毫安至几百毫安，接入负载时要注意负载容量的匹配，并做好相应的保护措施。

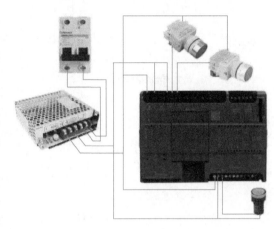

图 4-1  单相 AC 220V 供电接线

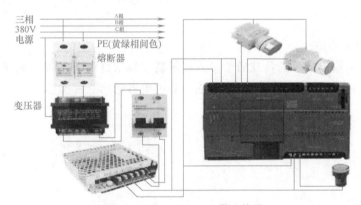

图 4-2  三相 AC 380V 供电接线

## 二、开关量输入、输出回路接线

PLC 输入回路有直流、交流和交直流三种方式。采用直流电源时，输入回路有三种类型：源型是指电流流出公共端，漏型是指电流流入公共端，对于第三种类型电流流入或流出公共端均可，电源的极性可以任意接入公共端。

开关量 IO
电气接线

1. 开关量输入回路

如图 4-3 所示，外接电器开关量信号输入电路接线图中的 S 可以是开关、按钮和接近开关等元器件的触点。图 4-3a 所示为直流电源输入电路，当触点 S 闭合时，PLC 内部光电耦合器中发光二极管（LED）导通，照射三极管导通，此时输入信号"1"被读入；反之，当触点 S 断开时，输入信号为"0"，输入通道中光电耦合器起抗干扰作用。

图 4-3b 所示 PLC 内部采用两组发光二极管并联，接入极性相反，因此可以接入交流电源信号，并读取外部信号。而图 4-3c 结合图 4-3a、b 所示电路的设计原理，外部输入电路既可以接入直流电源，也可以接入交流电源。

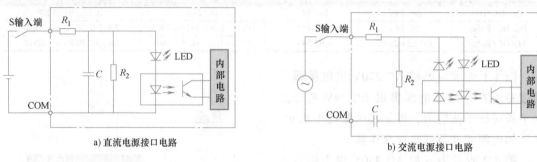

a) 直流电源接口电路      b) 交流电源接口电路

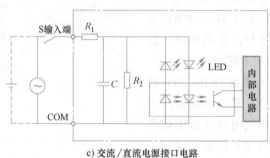

c) 交流/直流电源接口电路

图 4-3　PLC 输入接口电路的三种类型

## 2. 开关量输出回路

PLC 的开关量输出信号的负载通常接入接触器、显示灯和电磁阀等元器件。如图 4-4 所示，PLC 输出电路分晶体管输出、晶闸管输出和继电器输出三种类型。

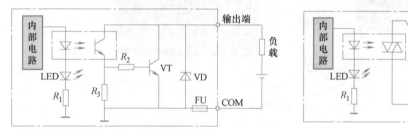

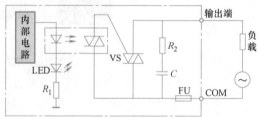

a) 晶体管输出接口电路      b) 晶闸管输出接口电路

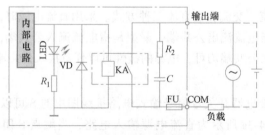

c) 继电器输出接口电路

图 4-4　PLC 外部输出电路

1）晶体管输出：采用晶体管作为 PLC 信号的输出元器件，晶体管输出为无触点输出，只能带直流负载。其优点是适应高频动作的负载，响应速度快，一般为 0.2ms 左右。

2）晶闸管输出：采用晶闸管作为输出元器件只能驱动交流负载，可用于高频动作的负载。

3）继电器输出：以继电器的触点接通、断开作为 PLC 输出电路的信号，可接通或断开输出回路，其优点是可驱动交流或直流负载，输出回路的端电压也可以不同，但受继电器的机械寿命影响，不适用于高频动作的负载。若 PLC 输出带感性负载，负载断电时会对 PLC 的输出造成浪涌冲击，为了提高 PLC 的抗干扰性能，对直流感性负载应并接续流二极管，对交流感性负载应并接浪涌吸收电路，可有效保护 PLC。

实际应用时，应结合外部驱动负载的类型及控制要求，正确选择 PLC 的输出方式。若 PLC 外部驱动电路所接负载容量较大，PLC 无法直接驱动控制，可采用驱动电路，通常采用三极管、固态继电器或晶闸管电路驱动。同时注意设计保护电路和浪涌吸收电路。

# 三、PLC 模拟量输入、输出回路

### 1. 模拟量输入电路

工业自动化控制的现场有大量的模拟量需要进行测量与控制，其中包括电气量和非电气量。若为非电气量（如压力、温度和位移等），这些模拟量通常由压力传感器、温度传感器和位置传感器等先变换为电压或电流的电信

模拟量 IO
电气接线

号，再经变换器将电信号转换为标准的直流电压或电流信号，如直流电压 0~10V、电流 0~20mA 信号等，使之与 PLC 模拟量输入通道的信号类型及范围相匹配，PLC 通过模拟量输入通道来拾取模拟量信号，其功能是将模拟量转换为数字信号存入指定的存储单元，等待CPU 读取并代入运行程序，那么 PLC 就可以对现场模拟量进行检测和控制。

以温度测量为例，现场主要采用温度传感器进行测量。按测量方式可分为接触式和非接触式两大类，按传感器材料及电子元器件特性可分为热电阻和热电偶两类。

图 4-5 所示为 Pt100 热电阻。热电阻是利用金属或金属氧化物的电阻值随着温度变化的特性，通过测量电阻的方式测量温度的一种传感器，也被称作电阻温度探测器（Resistance Temperature Detector, RTD）。金属铂（Pt）的电阻值随温度变化而变化，并且具有很好的重现性和稳定性。利用金属铂的物理特性制成的传感器称为铂电阻温度传感器。铂电阻温度传感器精度高，稳定性好，测量温度范围大，是中低温区（-200~650℃）最常用的一种温度检测器，不仅广泛用于温度测量，还被制成各种标准温度计供计量和校准使用。

图 4-5　Pt100 热电阻

图 4-6 所示为 K 型热电偶。热电偶是温度测量仪表中常用的测温元件，它由两种不同材质的导体组成闭合回路，当两个接合点的温度不同时，在回路中产生电流，两端存在热电动势，即将温度信号转换成热电动势信号，通过热电动势与温度的关系即可测量出温度值。热电偶主要采用金属材质，如镍铬-镍硅。

实际应用中，温度传感器与 PLC 的连接主要有以下方法：

1）温度传感器通过温度变送器连接 PLC。图 4-7 所示为热电阻将测量温度通过温度变送器（图 4-8）转换为模拟量电压信号，再将此电压信号输入到

图 4-6　K 型热电偶

PLC 的模拟量输入模块进行 A-D 转换，转换为数字信号。

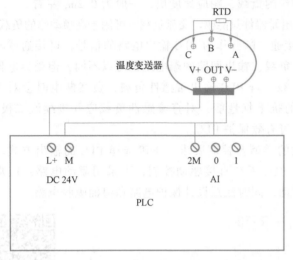

图 4-7　热电阻、温度变送器与 PLC 的接线　　　　　图 4-8　温度变送器

2）温度传感器通过温度控制器连接 PLC。将温度传感器测量的信号输入给温度控制器，在温度控制器中对温度进行报警值设置，若温度超过设定的报警温度值，其内部导通或断开自动控制元件的触点，并将触点动作信号发送给 PLC，再由 PLC 控制发出相应的报警信号。

如图 4-9 所示，根据温度传感器的类型接线各不相同，铂电阻传感器连接 4、5、6 端子；而热电偶则连接 5、6 端子，若测量温度超过设置报警值，控制器报警信号可由辅助触点 7、8 或 9、10 端子输出，可将此信号输入给 PLC 进行控制。

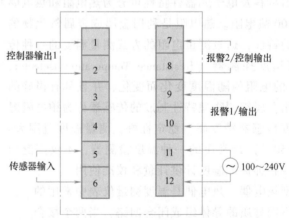

图 4-9　E5CC 温控器的端子接线图

3）温度传感器直接接入 PLC 模拟量扩展模块。温度传感器测量的信号直接输入到专用的热电偶及热电阻输入模块（如 SM1231 热电偶和热电阻输入模块），转换为数字信号。测量电路的设计相对简单，使用方便。

**2. 模拟量输出电路**

模拟量信号的输出通常采用模拟量输出模块，其功能是将 CPU 内部的数字信号送到模拟量缓冲器中，并转换为标准的电压或电流模拟信号，驱动外部相应的执行器动作，以实现模拟量的控制。

如图4-10所示，PLC的模拟量电压信号传送到MM440变频器的模拟量输入端口，通过控制PLC模拟量的大小控制变频器输出电源的工作频率，而电源频率与电动机运行的速度成正比，因此通过调节模拟量就可以调整电动机的运行速度，从而实现了模拟量调速的功能。

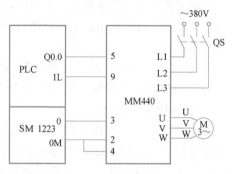

图 4-10 PLC 变频调速控制电路

# 第二节 PLC 电气控制应用设计基础

**学习目标**：熟悉 PLC 应用设计的基本方法，理解传统电气控制与 PLC 电气控制的区别与联系，能对传统电气控制系统进行 PLC 电气控制设计改造。

在生产实践中，传统的电气控制系统采用接触器-继电器控制。但是对于电器元件数量多，接线繁杂，工艺流程、控制逻辑关系复杂的电气控制系统，其控制线路设计困难、安装接线施工难度大、检修维护工作量大，传统控制方法显得力不从心。

PLC 是基于继电器-接触器控制与计算机控制开发的新型工业自动化控制装置，逐步发展为以微处理器为核心，集计算机技术、自动控制和通信技术等为一体的控制器，是接触器-继电器控制系统的升级智能化设备，利用 PLC 可以实现复杂电路的逻辑关系，使电气控制电路大为简化，维修、维护工作量小，控制流程易于更改，控制器优良的信号采集以及驱动控制性能完全满足了自动控制的要求。同时，新一代 PLC 产品具有强大的通信能力，可以实现设备之间的通信功能，实现人机交互、现场运行的可视化操作。本节通过典型的应用案例说明传统接触器-继电器电气控制系统与 PLC 电气控制的区别与联系。

要完成一个自动化控制系统的应用设计，必须分析控制任务的具体要求，熟悉和了解控制过程的工艺流程、各机械设备动作之间的逻辑关系、输入和输出信号的类型及数量等。PLC 应用设计的基本任务包括以下两个方面。

## 一、绘制 PLC 电气控制的接线图

1）熟悉控制系统的控制任务及工艺流程，确定 PLC 电气控制系统的输入、输出设备及其数量。

2）分析输入信号及输出负载的类型，选择 PLC 机型，并进行 PLC 的 I/O 端子分配。

3）设计 PLC 电气控制的接线图。

## 二、PLC 控制程序的设计

1. 经验法

经验设计法一般采用一些简单的梯形图设计。应用经验设计法必须熟记一些典型的控制电

路，根据被控对象的具体要求，多次反复调试和修改梯形图，以达到控制的要求。这种方法没有规律可遵循，设计所用时间和质量与设计者的经验有很大关系，所以称为经验设计法。

2. 翻译法

采用 PLC 中的软元件，对继电器-接触器控制电路图中的元器件（如触点、线圈）进行一一对应的翻译，将其翻译成 PLC 中软元件的触点、线圈。此方法简单，直观易懂。

3. 顺序功能表图

针对顺序控制方式或步进控制方式的控制系统，可采用顺序功能表图进行程序设计。在程序设计时，首先将系统的工作过程分解成若干个连续的阶段，每一阶段称为"工步"或"状态"，以工步为单元，从工作过程开始，一步接着一步，直到工作过程的最后一步结束，具体设计见本章第四节顺序控制应用案例。

4. 逻辑设计法

以布尔逻辑代数为理论基础，将电气控制电路的触点的"通"或"断"状态用逻辑变量"0"或"1"来表示，再将逻辑变量"0"或"1"进行"与""或""非"三种基本逻辑运算。

下面通过电动机控制的两个案例介绍 PLC 电气硬件改造以及软件翻译设计方法。

【例 4-1】 三相异步电动机正反转的控制电路如图 4-11 所示，要求设计 PLC 电气控制接线图以及控制程序，实现电动机正反转控制功能。

三相异步电动机
PLC 控制

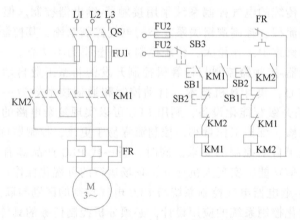

图 4-11 三相异步电动机正反转电路接线图

1）任务分析。三个按钮 SB1、SB2 和 SB3 分别为电动机停止、正转和反转按钮，接触器 KM1、KM2 为正反转控制接触器，并要求有互锁功能以及电动机的过热保护功能。热继电器的设计可以采用两种方式处理：第一种方式将热继电器的常开触点接入 PLC 的输入端，PLC 对电动机过载信号进行采集，若电动机过载运行，热继电器常开触点闭合，PLC 则发输出信号将两个接触器的线圈断电，电动机停止运行；第二种方式直接将热继电器的常闭触点接入 PLC 的输出回路，电动机过热时，热继电器的常闭触点动作直接断开接触器的通电回路，同时按下停止按钮，关闭输出信号，显然此种方式更为简单实用。

2）确定输入设备和输出设备。输入设备为 3 个按钮 SB1、SB2 和 SB3，输出设备为两个接触器 KM1、KM2。

3）PLC 的 I/O 端口分配见表 4-2。

表 4-2 电动机正反转控制 I/O 端口分配表

| 输入设备 | 输入端口 | 输出设备 | 输出端口 |
|---|---|---|---|
| 正转按钮 SB1 | I0.0 | 接触器 KM1 | Q0.0 |
| 反转按钮 SB2 | I0.1 | 接触器 KM2 | Q0.1 |
| 停止按钮 SB3 | I0.2 | | |

4）PLC 电气控制图如图 4-12 所示。

5）程序设计。由于电动机正反转控制电路的逻辑比较简单，可以直接采用翻译法，将电气图转化为梯形图，如图 4-13 所示。与图 4-11 电路图相比较可以看出，电气控制电路图与 PLC 程序梯形图的逻辑结构基本一致。

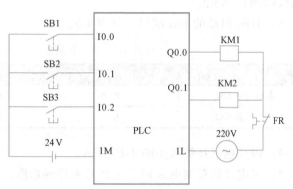

图 4-12 电动机正反转电气控制图

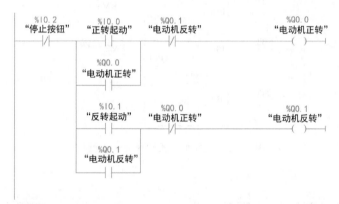

图 4-13 电动机正反转程序梯形图

【例 4-2】 两台电动机顺序起动控制设计。图 4-14 所示的电路功能为接触器-继电器式

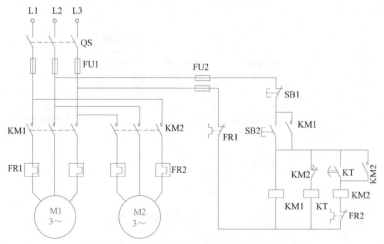

图 4-14 两台电动机顺序起动电气接线图

的电气控制电路，其中时间继电器整定时间为5s，试设计PLC电气控制接线图及控制程序。

1）任务分析。有两台电动机，当按下起动按钮SB1时，电动机M1起动5s后，电动机M2起动；若按下停止按钮SB2，两台电动机同时停止运转。若电动机M1过载，热继电器动作，电动机M1、M2均立即停止运行；若电动机M2过载，则仅电动机M2停止运行即可。

2）确定输入设备、输出设备。输入设备为起动按钮SB1、停止按钮SB2，输出设备为接触器KM1、KM2。

3）分配PLC的I/O端口，见表4-3。

表4-3 电动机顺序控制I/O端口分配表

| 输入设备 | 输入端口 | 输出设备 | 输出端口 |
| --- | --- | --- | --- |
| 起动按钮SB1 | I0.0 | 接触器KM1 | Q0.0 |
| 停止按钮SB2 | I0.1 | 接触器KM2 | Q0.1 |

4）PLC电气接线图如图4-15所示。

5）将电动机控制电路翻译为PLC程序梯形图，如图4-16所示。

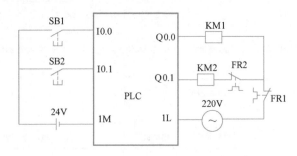

图4-15 PLC电动机顺序控制接线图

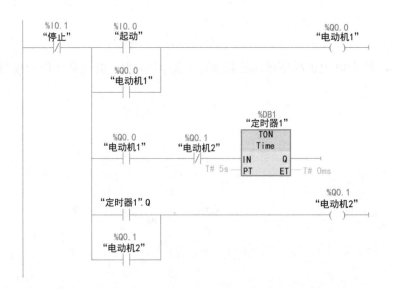

图4-16 电动机顺序控制程序

# 第三节　PLC电气控制应用设计案例

**学习目标：**熟悉 PLC 电气控制设计的基本方法，熟练掌握 PLC 电气控制设计的基本环节，能进行 PLC 电气控制系统的基本设计，具有 PLC 电气控制电路设计和设备安装接线的能力。

【例4-3】　城市路口交通灯控制是 PLC 典型的应用案例。按照图 4-17 所示各颜色交通灯的显示时间及顺序，试设计 PLC 交通灯控制的硬件电路及控制程序。

PLC 电气控制
应用案例（1）

1）交通灯控制任务分析。在东西方向红灯亮 36s 的时间内，南北方向红、绿、黄灯显示顺序为：绿灯亮 18s→黄灯闪 6s→红灯亮 12s；而在南北方向红灯亮 36s 的时间内，东西方向红、绿、黄灯显示顺序为：绿灯亮 18s→黄灯闪 6s→红灯亮 12s。以上过程交替进行。

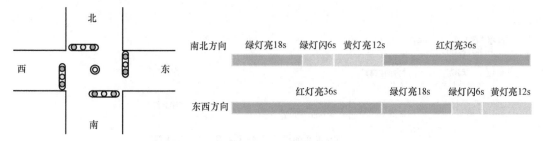

图 4-17　交通灯控制示意图

选择两位控制开关 SA 进行交通灯的控制。当开关在"起动"位时，系统处于自动运行状态，东西、南北方向的交通灯按上述要求顺序及时间显示；当开关在"停止"位时，关闭交通灯。

2）确定输入设备和输出设备。确定输入设备为开关 SA，输出设备为红灯、黄灯和绿灯各 2 个，共计 6 个灯。

3）I/O 端口分配，见表 4-4。

表 4-4　交通灯控制 I/O 端口分配表

| 输入元件 | I/O 地址 | 输出元件 | I/O 地址 |
|---|---|---|---|
| 手动起动/停止开关 SA | I0.0 | 东西方向红灯 | Q0.0 |
| — | — | 东西方向绿灯 | Q0.4 |
| — | — | 东西方向黄灯 | Q0.5 |
| — | — | 南北方向红灯 | Q0.1 |
| — | — | 南北方向绿灯 | Q0.2 |
| — | — | 南北方向黄灯 | Q0.3 |

4）设计 PLC 电气控制接线图，如图 4-18 所示。

5）设计梯形图，如图 4-19 所示。

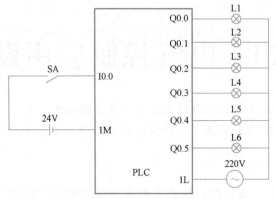

图 4-18　交通灯 PLC 电气控制接线图

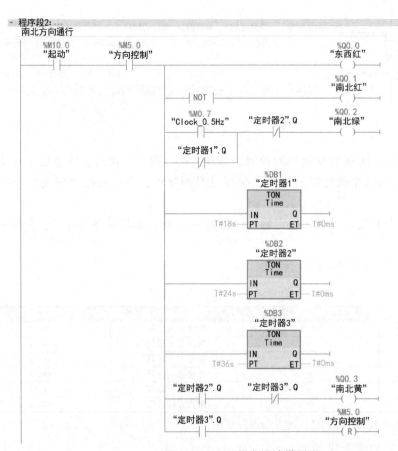

图 4-19　PLC 程序设计梯形图

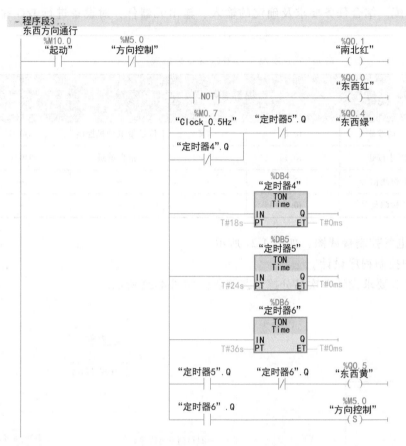

图 4-19　PLC 程序设计梯形图（续）

**【例 4-4】**　正次品分拣机控制如图 4-20 所示，设置两个次品检测装置 B1、B2，对传送带上的产品进行检测。当 B1 检测到次品时，延时 5s，起动电磁阀，推杆伸出并将次品推入次品箱；当 B2 检测到次品时，延时 3s，起动电磁阀，推杆伸出并将次品推入次品箱。

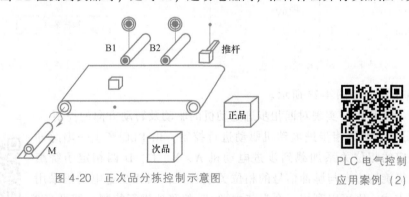

图 4-20　正次品分拣控制示意图

PLC 电气控制
应用案例（2）

1）控制任务分析：传送带依靠电动机对产品进行输送，设置按钮 SB1、SB2 分别控制传送带电动机的起动、停止，检测传感器分别为 SQ1、SQ2 用于检测次品；输出回路接入接触器 KM，控制电动机接通或断开电源回路，执行元器件电磁阀 YV 控制有杆气缸活塞杆伸出、缩回，伸出时将次品推入次品箱。

2）I/O 端口分配。结合任务要求及确定的输入、输出元器件，对设备进行 I/O 端口分配，见表4-5。

表4-5　正次品分拣 I/O 端口分配表

| 输入信号 | | | 输出信号 | | |
|---|---|---|---|---|---|
| 元器件 | 作用 | 端口地址 | 元器件 | 作用 | 端口地址 |
| SB1 | 起动按钮 | I0.0 | KM | 传送带电动机控制 | Q0.0 |
| SB2 | 停止按钮 | I0.1 | YV | 推杆前进 | Q0.1 |
| SQ1 | B1 检测信号 | I0.2 | — | — | — |
| SQ2 | B2 检测信号 | I0.3 | — | — | — |

3）设计 PLC 电气控制接线图，如图4-21所示。

4）PLC 梯形图控制程序设计

① 根据控制任务要求设计正次品分拣工艺流程，如图4-22所示。

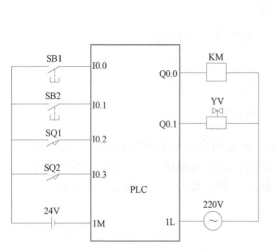

图4-21　正次品分拣 PLC 电气控制接线图

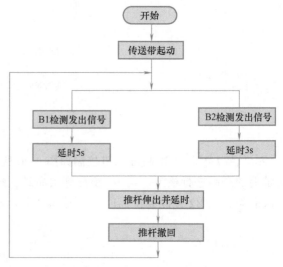

图4-22　正次品分拣工艺流程图

② 设计梯形图，如图4-23所示。

【例4-5】　利用 PLC 实现对四相步进电动机的驱动及转动方向的控制。

1）任务分析。对四相步进电动机驱动进行控制，由 PLC 产生一串脉冲信号，按照一定的相位关系加载到步进电动机 A、B、C、D 四相定子绕组上，步进电动机旋转方向与脉冲信号的相位关系有关，四相步进电动机采用四相八拍控制方式，则可以利用一个字节中"1"的移位进行控制，即可有 8 个状态，并对电动机绕组的脉冲信号进行分配，从而获取 A、B、C、D 四相绕组的信号组合。利用字节循环左移或右移改变脉冲序列的相位关系，改变电动机的转动方向。程序设计可采用 PLC 的循环移位指令生成正、反相序四相八拍的脉冲信号，控制步进电动机的正、反向转动，脉冲周期为 0.5s。

PLC 电气控制
应用案例（3）

▼ 程序段1：...
　起动传送带

```
    %I0.0           %I0.1                                    %Q0.0
    "起动"          "停止"                                   "传送带"
    ──┤├──────────────┤/├──────────────────────────────────( )──

    %Q0.0
    "传送带"
    ──┤├──
```

▼ 程序段2：...
　B1检测站

```
    %I0.2          "定时器1".Q                               %M10.1
    "B1检测"                                                 "B1检测信号"
    ──┤├──────────────┤/├──────────────────────────────────( )──

    %M10.1
    "B1检测信号"
    ──┤├──
```

```
                        %DB2
                       "定时器1"
    %M10.1            ┌──────────┐
    "B1检测信号"       │   TON    │
    ──┤├────────────┤IN  Time   │
                     │          Q├──
        T#5s────────┤PT        ET├─── T#0ms
                     └──────────┘
```

▼ 程序段3：...
　B2检测站

```
    %I0.3          "定时器2".Q                               %M10.2
    "B2检测"                                                 "B2检测信号"
    ──┤├──────────────┤/├──────────────────────────────────( )──

    %M10.2
    "B2检测信号"
    ──┤├──
```

```
                        %DB4
                       "定时器2"
    %M10.2            ┌──────────┐
    "B2检测信号"       │   TON    │
    ──┤├────────────┤IN  Time   │
                     │          Q├──
        T#3s────────┤PT        ET├─── T#0ms
                     └──────────┘
```

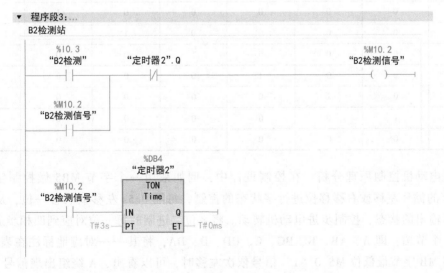

图 4-23　正次品分拣梯形图

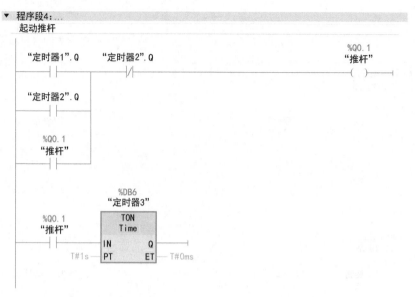

图 4-23　正次品分拣梯形图（续）

① 正转、反转脉冲控制分配如下：

正转相序

A → AB → B → BC → C → CD → D → DA

反转相序

A ← AB ← B ← BC ← C ← CD ← D ← DA

② 脉冲分配见表 4-6。

表 4-6　脉冲分配表

| DA | D | CD | C | CB | B | AB | A |
|----|----|----|----|----|----|----|----|
| M5.7 | M5.6 | M5.5 | M5.4 | M5.3 | M5.2 | M5.1 | M5.0 |
| 0 | 0 | 0 | 0 | 0 | 0 | 0 | 1 |
| 0 | 0 | 0 | 0 | 0 | 0 | 1 | 0 |
| 0 | 0 | 0 | 0 | 0 | 1 | 0 | 0 |
| 0 | 0 | 0 | 0 | 1 | 0 | 0 | 0 |
| 0 | 0 | 0 | 1 | 0 | 0 | 0 | 0 |
| 0 | 0 | 1 | 0 | 0 | 0 | 0 | 0 |
| 0 | 1 | 0 | 0 | 0 | 0 | 0 | 0 |
| 1 | 0 | 0 | 0 | 0 | 0 | 0 | 0 |

　　步进电动机控制原理分析：在控制设计中，例如采用一个字节 MB5 做控制字，通过 MB5 字节的循环左移或右移移位进行字状态的控制，每隔 0.5s 左移或右移一位，从而刷新脉冲信号输出的状态，控制步进电动机转动。将 8 位二进制的每一位对应到四相步进电动机运行的 8 个节拍，即 A、AB、B、BC、C、CD、D、DA，将其一一对应地标注在表格上方。当顺次将 MB 字节最低位 M5.0 "1" 信号依次左移时，可以看出，A 绕组出现信号 "1" 的位地址有 M5.0，M5.1、M5.7；B 绕组出现信号 "1" 的位地址有 M5.1，M5.2、M5.3；C

绕组出现信号 "1" 的位地址有 M5.3，M5.4、M5.5；D 绕组出现信号 "1" 的位地址有 M5.5，M5.6、M5.7，因此当 MB 字节最低位 M5.0 "1" 信号依次左移时，四相步进电动机绕组通电的相序为 A、AB、B、BC、C、CD、D、DA，电动机正转；当 MB 字节最低位 M5.0 的 "1" 信号依次右移时，则相序为 A、DA、D、CD、C、BC、B、AB，电动机反转。

由以上分析可以得出：A 绕组应在 M5.0、M5.1、M5.7 三个位置上均为高电平 1，即 M5.0、M5.1、M5.7 只要有其中 1 位为高电平，则 A 绕组就为高电平，因此 A 绕组的信号应是 M5.0、M5.1、M5.7 逻辑或运算的结果，其他绕组以此类推，如 B 绕组的信号应是 M5.1、M5.2、M5.3 逻辑或运算的结果。因此在程序设计中可以将每一组中的三个位信号并联构成或的关系，分别输出到 A、B、C、D 四个绕组上。

2）输入/输出设备及 I/O 地址分配

① 设置起动按钮 SB1，设置开关 SA 为正转、反转的方向控制。

② 按停止按钮 SB2，步进电动机停止转动，再次起动时，则从当前位置继续转动。

③ 每隔 0.5s 电动机绕组信号相序变化一次。

④ I/O 端口分配见表 4-7。

表 4-7　步进电动机驱动控制 I/O 端口分配表

| 输入信号 | | | 输出信号 | | |
|---|---|---|---|---|---|
| 元器件 | 作用 | 端口地址 | 元器件 | 作用 | 端口地址 |
| SB1 | 起动按钮 | I0.0 | A 绕组 | 励磁绕组 | Q0.0 |
| SB2 | 停止按钮 | I0.1 | B 绕组 | 励磁绕组 | Q0.1 |
| SA | 方向控制 | I0.2 | C 绕组 | 励磁绕组 | Q0.2 |
| — | — | — | D 绕组 | 励磁绕组 | Q0.3 |

3）设计 PLC 电气控制接线图，如图 4-24 所示。

4）程序流程图如图 4-25 所示。

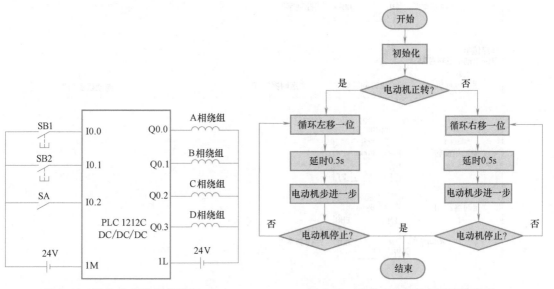

图 4-24　PLC 电气控制接线图　　　　　图 4-25　步进电动机控制程序流程图

5）设计梯形图，如图 4-26 所示。

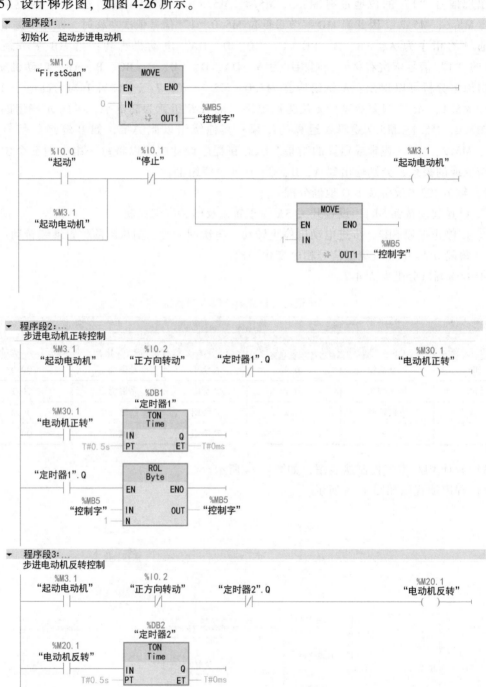

图 4-26 步进电动机控制梯形图

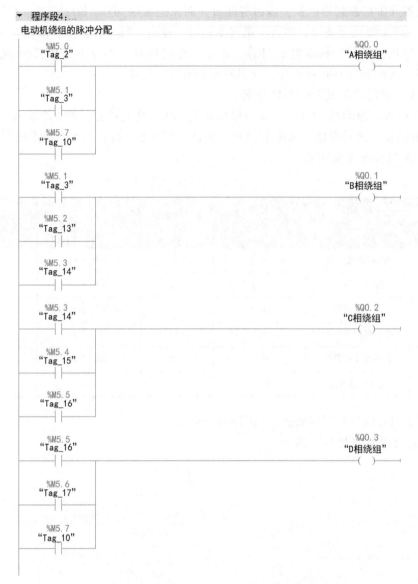

程序段4:...
电动机绕组的脉冲分配

图 4-26　步进电动机控制梯形图（续）

【例 4-6】　对剪板机运行操作控制如图 4-27 所示，剪板机对板材进行辊轮传送、压钳压紧、剪刀裁剪的加工处理。

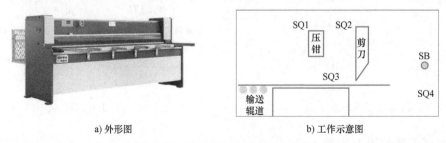

a) 外形图　　　　　　　　b) 工作示意图

图 4-27　剪板机外形及工作示意图

1）任务分析：在起始位置，压钳与剪刀分别在上极限 SQ1、SQ2 位置，板料未进入剪料区。当开关 SA 扳到起动位，输送辊道起动运行，输送板料右行，至右限位开关 SQ4 处辊轮停止，然后压钳下行，待压紧板料后，剪刀下行剪料板，并至下限位开关 SQ3 处停止。剪料完成后，压钳和剪刀同时上行，分别回到上限位置处停止。

2）输入、输出设备及 I/O 端口分配

① 输入设备：起动/停止开关，4 个限位开关，压钳压紧检测，共 6 个输入设备。

② 输出设备：送料辊轮，压钳上、下行控制，剪刀上下行，共 5 个输出控制设备。

③ I/O 端口分配见表 4-8。

表 4-8  I/O 端口分配表

| 输入信号 | | | 输出信号 | | |
|---|---|---|---|---|---|
| 元器件 | 作用 | 端口地址 | 元器件 | 作用 | 端口地址 |
| SA | 起动/停止开关 | I0.0 | YV1 | 压钳下行 | Q0.0 |
| SQ1 | 压钳上限位 | I0.1 | YV2 | 压钳上行 | Q0.1 |
| SQ2 | 剪刀上限位 | I0.2 | YV3 | 剪刀下行 | Q0.2 |
| SQ3 | 剪料到位下限位 | I0.3 | YV4 | 剪刀上行 | Q0.3 |
| SQ4 | 送料到位右限位 | I0.4 | KM | 板料右行 | Q0.4 |
| SQ5 | 板料压紧开关 | I0.5 | — | — | — |

3）设计 PLC 电气控制接线图，如图 4-28 所示。

4）工艺流程图如图 4-29 所示。

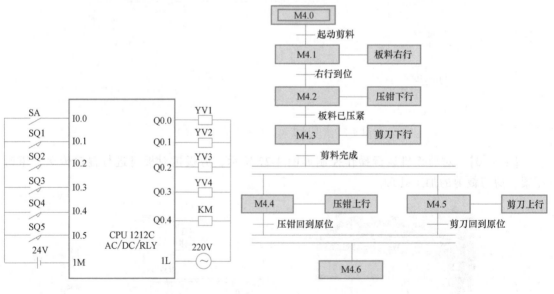

图 4-28  PLC 电气控制接线图          图 4-29  工艺流程图

5）程序设计如图 4-30 所示。

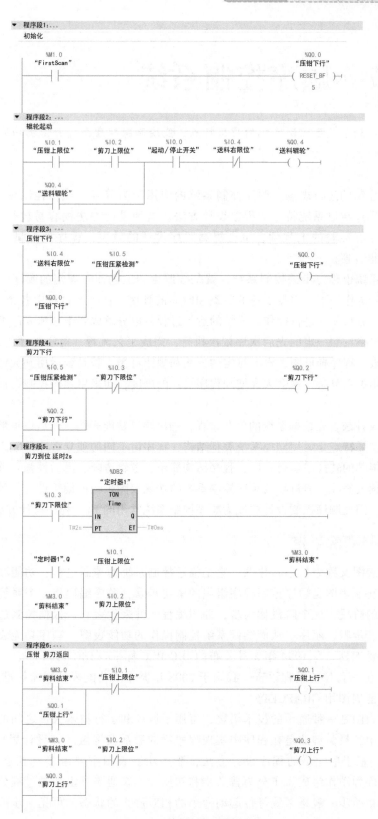

图 4-30　剪板机控制梯形图

# 第四节　顺序控制系统

**学习目标**：熟悉顺序控制系统的应用特点，能绘制功能表图，并依据功能表图进行顺序控制程序的设计。

在自动化控制的运行现场，顺序控制系统的应用极为普遍，顺序控制设计法就是针对顺序控制系统特定的程序设计方法。这种设计方法很容易被初学者接受，对于有经验的工程师，也会提高程序设计的效率，程序的调试、修改和阅读也很方便。

功能表图及
顺控指令

顺序控制系统也称为步进控制系统，就是按照生产工艺预先规定的顺序，在各个输入信号的作用下，根据设备的状态和时间的顺序，在生产过程中各个执行机构自动、有秩序地进行操作。系统的运行过程可以分解成若干个独立的控制动作，而且这些动作必须严格按照一定的先后次序依次执行，完成工艺流程。对于工序复杂的控制系统，可以用经验法设计程序梯形图，没有特定的方法和规律可循。若系统运用到大量的设备，动作相互联锁，逻辑关系复杂，这会大大增加程序设计的难度，而采用顺序控制设计法能很好地解决这一问题。

顺序控制设计法首先根据系统的工艺过程，画出顺序功能表图，然后根据顺序功能表图设计梯形图。其主要特点是运用顺控系统编程结构，程序由不同的独立程序单元组成，在相应程序单元激活与屏蔽的转换中运行程序，程序结构简单、逻辑清晰、灵活性强、移植性强，便于程序设计、阅读及修改。通过绘制顺序控制系统的功能表图来辅助编程设计，可实现程序功能设计的模块化，因此顺序控制设计法成为顺序控制系统常用的 PLC 程序设计方法。

## 一、顺序功能表图

顺序功能表图又称为状态转移图，它是描述控制系统的控制过程、功能和特性的一种图形。绘制顺序功能表图是顺序控制程序组织的重要步骤，顺序编程将一个系统的控制分为若干个顺序相连的阶段，这个阶段称为步，并用编程元件来代表它，根据控制过程分析被控对象的工作内容、步骤、顺序，从而绘制系统控制操作的功能表图。顺序功能表图是顺序控制程序组织的重要工具。在 1994 年 5 月公布的 IEC PLC 标准（IEC 1131）中，顺序功能表图被确定为 PLC 位居首位的编程语言，我国于 2008 年颁布了功能表图国家标准 GB/T 21654—2008《顺序功能表图用 GRAFCET》。

顺序功能表图是一种通用的技术语言，可用于设计和运行技术人员之间的技术交流。顺序控制编程法中，最关键的是在程序中实现程序段的激活及屏蔽。其设计思想是将"工序"变为"状态"，基于单元步的程序设计方法，顺序功能表图主要由步（状态）、有向线段、转换、转换条件和动作组成。步分为普通步和初始步，普通步是由控制过程分解而成的一个个过程状态，初始步一般是系统等待起动命令的相对静止的状态。可见，步的划分是功能表图绘制的关键。

**1. 步的划分**

绘制功能表图是顺序控制设计法中关键的一步，而步的划分是绘制功能表图的第一步。将顺序控制系统的一个工作周期划分为若干个顺序相连的独立过程，这个过程称为步。如图 4-31a 所示，顺序控制设计法是基于步单元编程来完成每一步的操作。

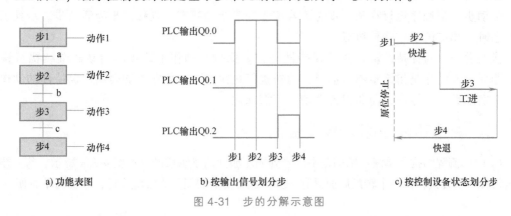

图 4-31　步的分解示意图

步是根据 PLC 输出信号的变化来划分的，如图 4-31b 所示，在任何一步内，PLC 输出信号不变，而相邻步之间输出信号是不同的。

步也可根据被控对象工作状态的变化来划分。如图 4-31c 所示，依据设备运行的状态信号，有原位停止、快进、工进和快退 4 个状态。被控对象工作状态的变化也是由 PLC 输出信号的变化引起的，所以两个方法都可以作为步划分的依据。

1）初始步：与系统的初始状态相对应的步称为初始步。初始步用双线方框表示，每一个功能表图至少应该有一个初始步。

2）步：某一步可以包含一系列子步和转换，通常这些序列表示整个系统的一个完整的控制子功能。

步的使用使程序的设计者在总体设计时容易抓住主要矛盾，用更加简洁的方式表示系统的整体功能和概貌，而不是一开始就陷入某些细节之中。子步中还可以包含更详细的子步，这使设计方法的逻辑性很强，可以减少设计中的错误，提高程序设计的效率。

**2. 有向连线**

有向连线是功能表图中步活动状态的进展顺序，按有向连线规定的路线和方向进行。活动状态的进展方向习惯上是从上到下或从左至右，在这两个方向有向连线上的箭头可以省略。如果不是上述的方向，应在有向连线上用箭头注明进展方向。

**3. 转换**

用垂直于有向连线的短线来表示转换，转换将相邻的两步单元分开，表示两个步状态之间的转换条件。步的活动状态的变动是由转换来实现的。

**4. 转换条件**

使系统由当前步转入下一步的信号称为转换条件。转换条件可能是外部输入信号，如按钮、限位开关等电器接通或断开信号，也可能是 PLC 内部产生的信号，如定时器、计数器触点的接通或断开信号，或是若干个信号的与、或、非逻辑组合。转换条件可以用文字语言、布尔代数表达式或图形符号标注在表示转换的短线的旁边。图 4-31a 中的 a、b、c 均代表转换条件。

5. 动作

一个控制系统可以划分为被控系统和施控系统。对于被控系统，在某一步中要完成某些"动作"；对于施控系统，在某一步中要向被控系统发出某些"命令"。这些动作或命令简称为动作，用矩形框中的文字或符号表示，该矩形框应与相应的步的符号相连。

活动步：当程序运行在某一步时，若该步处于活动状态，则称该步为活动步。步处于活动状态时，相应的动作将被执行。

步的动作分为保持性动作和非保持性动作。保持性动作指该步不活动时继续执行该动作。非保持性动作是指该步不活动时，动作也停止执行。一般在功能表图中保持性的动作应该用文字或助记符标注，而非保持性动作不需标注。

## 二、顺序功能表图的基本结构

（1）单流程结构　单流程结构是由一系列顺序激活的步组成的，如图 4-32a 所示，每一步的后面只有一个转换，每一个转换后面只有一步。这种功能表图呈直线型设计，编程简单方便。

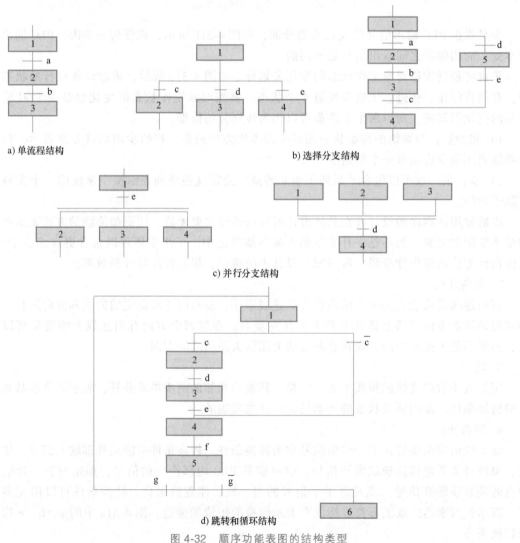

a) 单流程结构

b) 选择分支结构

c) 并行分支结构

d) 跳转和循环结构

图 4-32　顺序功能表图的结构类型

（2）选择分支结构　选择序列是有分支的，如图 4-32b 所示，某一步后面有两个步或多步，需要依据条件进行选择。这种功能表图结构较为复杂。

（3）并行分支结构　并行序列的开始称为分支，如图 4-32c 所示。当转换条件的实现导致几个序列同时激活时，这些序列称为并行序列。为了强调转换的同步实现，水平连线用双线表示。并行序列的结束称为合并，在表示同步的水平双线之下，只允许有一个转换符号。

（4）跳转和循环结构　如图 4-32d 所示，此结构在程序执行过程中，当某一条件满足时直接跳转到某一步，或者某段程序需要反复执行规定次数后，跳出循环体。在此结构中，跳转与循环相互嵌套，是比较复杂的程序结构类型，需要工程师对结构有清晰的思路，才能正确编写程序。

## 三、绘制功能表图的注意事项

1）设计初始化程序。其功能是将初始步预置为活动步，否则功能表图的步不会激活运行。

2）转换实现的条件。在功能表图中步的活动状态由步的转换来实现，转换实现必须同时满足两个条件：①该转换所有的前级步是活动步；②相应的转换条件已经满足。

3）步之间的转换条件实现时，所有的后续步都变为活动步，所有的前级步都变为不活动步。

4）两个步之间绝对不能直接相连，必须用一个转换将其隔开。

5）两个转换也不能直接相连，必须用一个步将其隔开。

6）只有当某一步所有的前级步都是活动步时，该步才有可能变成活动步。

## 四、顺序控制设计法

顺序控制设计法将控制流程的一个工作周期划分为若干个顺序相连的阶段，即为阶段步。S7-1200 PLC 采用自定义的状态元件，常用 M 存储器的位单元来表示，如 M4.1、M4.2 等代表各阶段步。当某阶段步为活动步时，其状态元件的存储器为 ON 信号，执行该步操作；若为 OFF 信号，则屏蔽该步操作。

在图 4-33 所示的顺序控制功能表图中，如果前级步 M4.2 和步 M4.4 均为活动步，当满足两个转换条件 $\overline{I0.1}$、I0.3 之一时，则实现步的转换，转换到后续步运行，即步 M4.5 和步 M4.7 均被置位为活动步，而前级步 M4.2 和步 M4.4 被复位为不活动步。

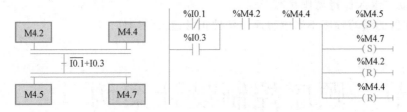

图 4-33　顺序控制功能表图

1. 顺序控制系统程序设计的基本步骤如下：

1）依据控制任务的工艺流程，绘制顺序功能表图。

2）确定状态元件所采用的存储器位单元与各阶段步的对应关系。

3）编写步与步之间相互转换关系的程序段，将代表前级步编程元件的常开触点与转换条件对应的触点或电路串联。当转换条件满足时，转换条件对应的触点或电路接通，电路亦接通。此时将下一个后续步的存储器位信号置位，而将前级步的存储器位信号复位。

4）编写各个阶段步实施操作的程序。

顺序控制系统程序设计也可以采用顺序控制指令。S7-1200 PLC 指令系统中虽然不包含顺序控制指令，但不同系列 PLC 的顺序控制设计思想是相同的。顺序控制设计法是西门子 S7-1200 PLC 的 GRAPE 程序设计的基础。

西门子 S7-200 PLC 设置了顺序控制继电器，也称为状态元件，用于表示顺序控制过程中状态步的编号。顺序控制继电器元件编号范围为 S0.0 ~ S31.7，共 256 位，顺序控制指令表见表 4-9。

表 4-9  顺序控制指令表

| 梯形图 | 指令表 | 指令功能 | 操作数 |
|---|---|---|---|
| S-bit SCR | SCR S-bit | 激活指定状态继电器 | S（位） |
| S-bit —( SCRT ) | SCRT S-bit | 转移指定状态继电器 | S（位） |
| —( SCRE ) | SCRE S-bit | 指定状态继电器操作结束 | 无 |

2. 顺序控制指令使用方法

1）按步单元操作分配顺序控制继电器，每一个顺序控制继电器代表了过程控制中的一个步序。

2）用顺序控制元件等表示不同的步单元，用竖线表示不同步态之间的联系，短横线表示步序的转移条件。

3）用与框图相连的横线及线圈表示各个步的动作或步序的任务。

3. 顺序控制指令使用注意事项

1）顺序控制指令的操作数是状态元件，当前步激活的条件是当前状态元件为 1。

2）顺序控制指令段内不允许有跳转、循环及有条件结束指令。

3）当前状态步转以后，非保持性动作全部复位，保持性动作可使用置位指令，以保证步转以后该动作继续保持动作状态。

4）程序段的编写顺序不影响程序按条件正常运行的顺序。

# 第五节  顺序控制设计案例

**学习目标**：掌握 PLC 顺序控制程序的设计方法，学会对顺序控制系统进行应用程序设计。

【例4-7】 设计三台电动机 M1、M2、M3 的顺序控制程序；当按下起动按钮时，电动机 M1 起动，电动机 M2、M3 依次延时 5s 后起动；按下停止按钮，电动机 M3 立即停止，电动机 M2、M1 依次延时 5s 停止。

顺序控制设计

1）任务分析。起动时，三台电动机顺序起动；停止时，三台电动机逆序停止。此控制流程为单流程结构。

2）确定输入设备及输出设备，并进行 I/O 端口分配，见表 4-10。

表 4-10　I/O 端口分配表

| 输入信号 | | | 输出信号 | | |
| --- | --- | --- | --- | --- | --- |
| 元器件 | 作用 | 端口 | 元器件 | 作用 | 端口 |
| 按钮 SB1 | 起动 | I0.0 | KM1 | 控制电动机 1 | Q0.0 |
| 按钮 SB2 | 停止 | I0.1 | KM1 | 控制电动机 2 | Q0.1 |
| — | — | — | KM1 | 控制电动机 3 | Q0.2 |

3）绘制功能表图。如图 4-34 所示，初始状态，三台电动机停止运行，设计为初始步。起动后，三台电动机顺序运行。停止时，三台电动机顺序停止，共计 7 步，分配给 S0.0～S0.6 顺序控制继电器。

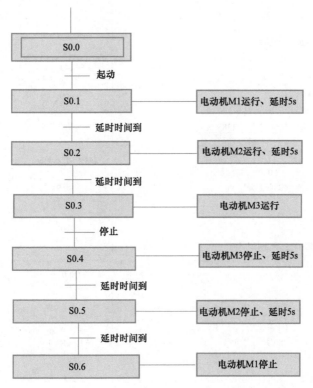

图 4-34　电动机顺序控制功能表图

4）程序设计如图 4-35 所示。

例 4-7 采用了顺序控制指令进行程序设计。下面介绍 S7-1200 PLC 顺序控制程序的设计方法，以方便理解不同型号 PLC 顺序控制编程的区别。

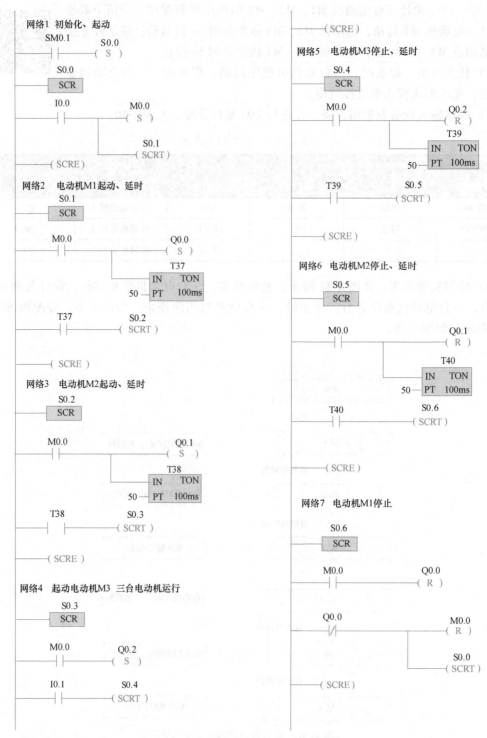

图 4-35　电动机顺序控制梯形图

【例 4-8】　冷加工自动线上钻孔动力头的自动控制顺序如下：

1）动力头在工作台原位 X0 处，按下起动按钮，电磁阀 YV1 通电，动力头快进。

2）动力头行至 X1 处，电磁阀 YV2 通电，电磁阀 YV1 继续通电，动力头由快进转为工进。

3）动力头行至 X2，行程开关 SQ2 受压，开始延时 3s，并保持工进。

4）延时时间到，电磁阀 YV1、YV2 断电，电磁阀 YV3 通电，动力头快退。

5）动力头退到 X0 处，电磁阀 YV3 断电，停止。

控制任务设计步骤如下：

1）任务分析。图 4-36 所示为钻孔动力头工作流程时序图，依据工作流程分析，钻头工作流程为典型的单流程顺序控制系统。

2）确定输入及输出设备，并进行 I/O 端口分配，见表 4-11。

① 输入设备：1 个起动按钮、3 个限位开关，共 4 个输入设备。

② 输出设备：YV1 前进控制、YV2 钻头控制、YV3 快退控制，共 3 个电磁阀。

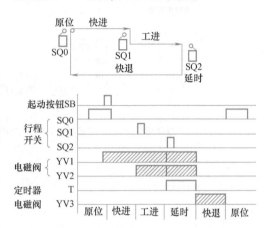

图 4-36　钻孔动力头工作流程时序图

表 4-11　I/O 端口分配表

| 输入信号 | | | 输出信号 | | |
|---|---|---|---|---|---|
| 元器件 | 作用 | 端口 | 元器件 | 作用 | 端口 |
| 按钮 SB | 起动 | I0.0 | 电磁阀 YV1 | 滑台前进 | Q0.0 |
| 行程开关 SQ1 | X0 位置检测 | I0.1 | 电磁阀 YV2 | 钻头工作 | Q0.1 |
| 行程开关 SQ2 | X1 位置检测 | I0.2 | 电磁阀 YV3 | 滑台后退 | Q0.2 |
| 行程开关 SQ3 | X2 位置检测 | I0.3 | — | — | — |

3）设计功能表图，如图 4-37 所示。

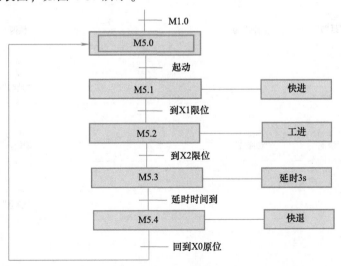

图 4-37　钻孔动力头控制功能表图

4）程序设计如图 4-38 所示。

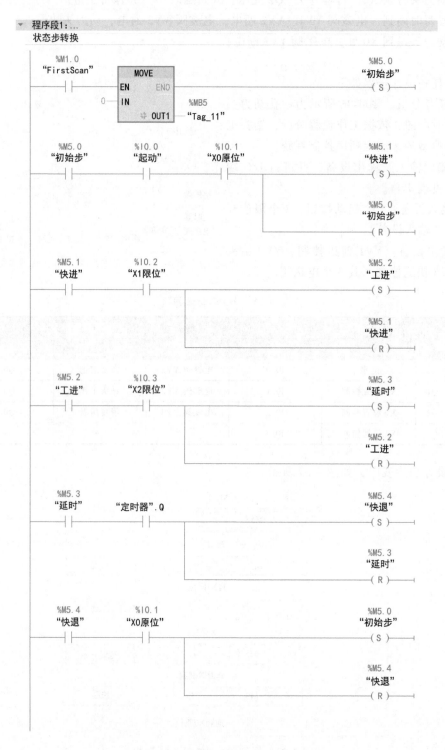

图 4-38　钻孔动力头顺序控制梯形图

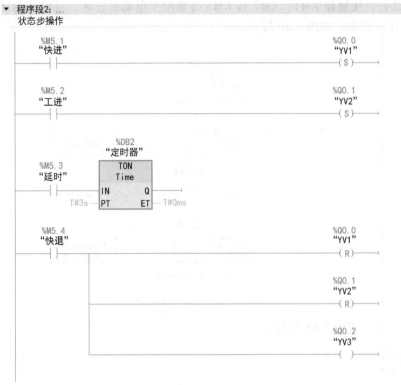

图 4-38 钻孔动力头顺序控制梯形图（续）

【例 4-9】 图 4-39 所示为小车往返示意图。小车开始时停在最左边，按下起动按钮，小车开始右行。碰到右限位开关时，小车改为左行。返回起始位置时，使制动电磁铁线圈通电，接通延时 10s。定时时间到，制动电磁铁线圈断电，系统返回初始状态。试设计 PLC 电气控制程序。

图 4-39 小车往返示意图

1）任务分析：开始时，小车停在最左边，左限位开关动作。按下起动按钮，电动机正转，小车右行。碰到右限位开关时，电动机反转，小车左行。待返回起始位置时，小车开始制动，使制动电磁铁线圈通电，接通延时定时器开始定时。定时时间到，制动电磁铁线圈断电，小车停止运动，系统返回初始状态。

2）确定输入及输出设备，并进行 I/O 端口分配，见表 4-12。

表 4-12 I/O 端口分配表

| 输入信号 | | | 输出信号 | | |
| --- | --- | --- | --- | --- | --- |
| 元器件 | 作用 | 端口地址 | 元器件 | 作用 | 端口地址 |
| SB | 起动按钮 | I0.0 | KM1 | 电动机正转 | Q0.0 |
| SQ1 | 左限位 | I0.1 | KM2 | 电动机反转 | Q0.1 |
| SQ2 | 右限位 | I0.2 | KM3 | 电动机制动 | Q0.2 |

① 输入设备：1 个起动按钮、两个限位开关。

② 输出设备：接触器 KM1、KM2 和 KM3 分别用于电动机正转、反转和制动控制。

3）绘制功能表图，如图 4-40 所示。

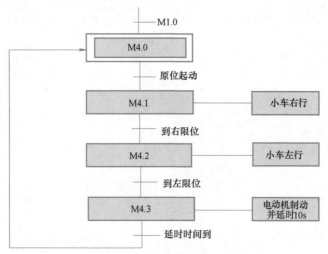

图 4-40　小车往返控制功能表图

4）设计程序，如图 4-41 所示。

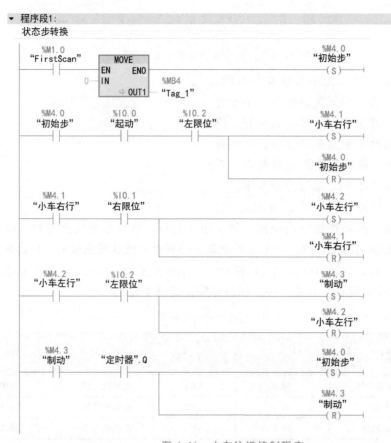

图 4-41　小车往返控制程序

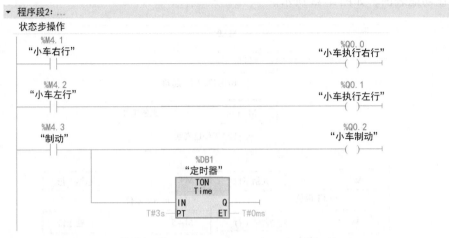

图 4-41 小车往返控制程序（续）

【例 4-10】 某板料需进行钻孔加工，如图 4-42 所示。专用钻床用两只钻头在板料上同时钻两个孔。加工板料前，两个钻头在上方初始位置，并在各自上方位置设置一个限位开关，操作人员放好板料后，扳动起动开关到起动位，待板料被夹紧后，两个钻头同时下行开始钻孔。当到达各自的钻孔深度后，分别上行，回到上方初始位置后，工件被松开，一次板料加工结束。若板料再次加紧，继续下次加工。若开关扳到停止位，板料加工结束。试设计 PLC 电气控制程序。

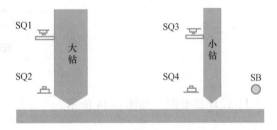

图 4-42 板料钻孔示意图

1）任务分析。大、小钻同时进行工作，工作流程属于并行分支结构。

2）确定输入及输出设备，并进行 I/O 端口分配，见表 4-13。

① 输入设备：1 个起停控制开关、4 个限位开关、1 个压紧及放松检测传感器，共 6 个输入设备。

② 输出设备：1 个板料夹紧及放松电磁阀，4 个大小钻上、下行控制电磁阀，共计 5 个输出设备。

表 4-13 I/O 端口分配表

| 输入信号 | | | 输出信号 | | |
| --- | --- | --- | --- | --- | --- |
| 元器件 | 作用 | 端口地址 | 元器件 | 作用 | 端口地址 |
| SA | 起停控制开关 | I0.0 | YT1 | 夹紧/放松电磁阀 | Q0.0 |
| 压力传感器 | 夹紧/放松检测开关 | I0.1 | YT2 | 大钻下行 | Q0.1 |
| SQ1 | 大钻上限位 | I0.2 | YT3 | 大钻上行 | Q0.2 |
| SQ2 | 大钻下限位 | I0.3 | YT4 | 小钻下行 | Q0.3 |
| SQ3 | 小钻上限位 | I0.4 | YT5 | 小钻上行 | Q0.4 |
| SQ4 | 小钻下限位 | I0.5 | — | — | — |

3) 绘制功能表图, 如图 4-43 所示。

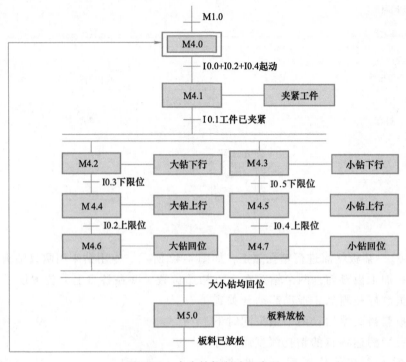

图 4-43  大小钻控制功能表图

4) 设计梯形图, 如图 4-44 所示。

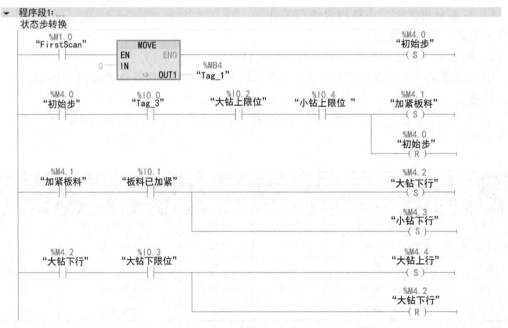

图 4-44  大小钻控制梯形图

```
    %M4.3           %I0.5                                        %M4.5
  "小钻下行"       "小钻下限位"                                 "小钻上行"
  ┤├──────────────┤├─────────────────────────────────────────( S )───
                                                                %M4.3
                                                              "小钻下行"
                                                              ─( R )───

    %M4.4           %I0.2                                        %M4.6
  "大钻上行"       "大钻上限位"                                 "大钻回位"
  ┤├──────────────┤├─────────────────────────────────────────( S )───
                                                                %M4.4
                                                              "大钻上行"
                                                              ─( R )───

    %M4.5           %I0.4                                        %M4.7
  "小钻上行"       "小钻上限位"                                 "小钻回位"
  ┤├──────────────┤├─────────────────────────────────────────( S )───
                                                                %M4.5
                                                              "小钻上行"
                                                              ─( R )───

    %M4.6           %M4.7                                        %M5.0
  "大钻回位"       "小钻回位"                                   "放松板料"
  ┤├──────────────┤├─────────────────────────────────────────( S )───
                                                                %M4.6
                                                              "大钻回位"
                                                              ─( R )───
                                                                %M4.7
                                                              "小钻回位"
                                                              ─( R )───

    %M5.0           %I0.1                                        %M4.0
  "放松板料"       "板料已加紧"                                 "初始步"
  ┤├──────────────┤/├─────────────────────────────────────────( S )───
                                                                %M5.0
                                                              "放松板料"
                                                              ─( R )───
```

▼ 程序段2：...
　状态步操作

```
    %M4.1                                                        %Q0.0
  "加紧板料"                                                "松开/加紧板料"
  ┤├───────────────────────────────────────────────────────────( S )───

    %M4.2                                                        %Q0.1
  "大钻下行"                                                 "大钻下行动作"
  ┤├───────────────────────────────────────────────────────────( )───

    %M4.3                                                        %Q0.3
  "小钻下行"                                                 "小钻下行动作"
  ┤├───────────────────────────────────────────────────────────( )───

    %M4.4                                                        %Q0.2
  "大钻上行"                                                 "大钻上行动作"
  ┤├───────────────────────────────────────────────────────────( )───

    %M4.5                                                        %Q0.4
  "小钻上行"                                                 "小钻上行动作"
  ┤├───────────────────────────────────────────────────────────( )───

    %M5.0                                                        %Q0.0
  "放松板料"                                                "松开/加紧板料"
  ┤├───────────────────────────────────────────────────────────( R )───
```

图 4-44 大小钻控制梯形图（续）

**春风细语**

PLC应用设计能力是自动化工程师必备的硬核技术，也是实现智慧制造的基础。从数据、信息和知识流动来看，智慧制造是通过物联网感知获得"物"的原始数据和事件，然后对这些原始数据和事件进行加工处理，围绕客户需求提供个性化的服务，并通过人、机、物的融合决策，实现对物或机器的控制，从而构成"物-数据-信息-知识-智慧-服务-人-物"的循环。

我们应把握好未来技术的发展方向，感知新技术的力量，不断发开拓进取，响应国家倡导的大学生创新创业的行动计划，创新未来、把握未来。创业载体应从注重"硬条件"转变为更加注重"软服务"，如创业媒体、创业培训、技术转移和法律服务等新业态。

## 习题与思考

4-1  PLC的输出电路有哪几种方式？各有什么特点？

4-2  图4-45所示为一台电动机丫-△起动的工作时序图，试设计PLC梯形图程序。

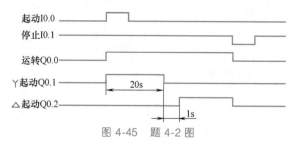

图 4-45  题 4-2 图

4-3  用PLC实现彩灯的自动控制。控制过程为：按下起动按钮，第一组花样绿灯亮，10s后第二组花样蓝灯亮，20s后第三组花样红灯亮，30s后第一组花样绿灯亮，如此循环往复。

4-4  用PLC实现电动起升机构的动负载试验。控制要求如下：可以手动上升、下降或停止。自动运行时，上升6s→停10s→下降6s→停10s，如此往复循环，中途随时可以停止。要求设计PLC电气控制接线图、梯形图程序。

4-5  设计喷泉控制系统。喷泉有A、B、C三组喷头。起动后，A先喷3s，后B、C同时喷，3s后B停，再3s后C停，而后A、B再次喷水，再3s后，C喷水，持续3s全部停，再3s后重复上述过程。试设计PLC梯形图程序。

4-6  设计液体混合装置控制系统。如图4-46所示，有两种液体A、B需要在容器中混合成液体C待用，初始时容器是空的，按下起动按钮，阀门A打开，注入液体A；到达高度I时，阀门A关闭，阀门B打开，注入液体B；到达高度H时，阀门B关闭，打开加热器R；当温度传感器感测温度达到60℃时，关闭加热器R，打开阀门C，释放液体C；当最低液位传感器L=0时，关闭阀门C，进入下一个循环，按下停止按钮，再回到初始状态。

4-7  什么是顺序控制系统？顺序控制设计法有哪些步骤？

4-8  功能表图设计的要素是什么？有哪些结构类型？

4-9  用PLC的顺序控制指令实现彩灯的自动控制。控制过程为：要求按下起动按钮后，第一台电动机先起动，10s后第二台自动起动；起动完成后，停车时按下停止按钮，第二台电动机先停，20s后第一台自动停止；出现紧急情况时，按下急停按钮，两台电动机同时停止（要求有过载保护）。

4-10  如图4-47所示，若传送带上20s内无产品通过则报警，并接通Q0.0。试画出梯形图并写出指令表。

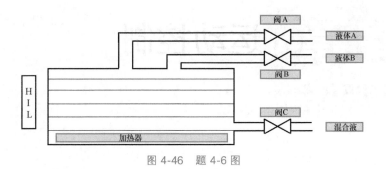

图 4-46　题 4-6 图

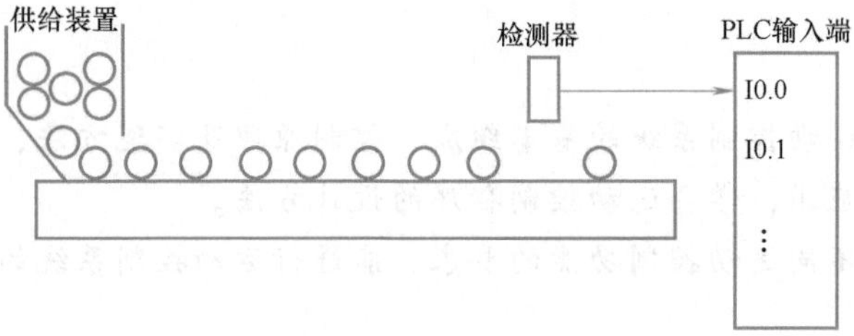

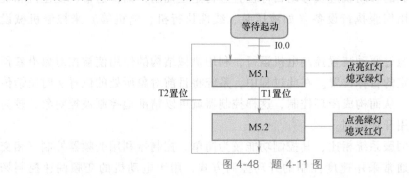

图 4-47　题 4-10 图

4-11　如图 4-48 所示，编写红绿灯顺序显示程序，步进条件是时间步进型，状态步为点亮红灯、熄灭绿灯，同时起动定时器，条件满足时，进入下一步。T1、T2 定时时间均为 15s。

```
        ┌──────────┐
        │  等待起动  │
        └──────────┘
              │ I0.0
    ┌─────────┼──────────┐
    │   ┌───────────┐   ┌──────────┐
    │   │   M5.1    │───│ 点亮红灯  │
T2置位│   └───────────┘   │ 熄灭绿灯  │
    │         │ T1置位   └──────────┘
    │   ┌───────────┐   ┌──────────┐
    │   │   M5.2    │───│ 点亮绿灯  │
    └───└───────────┘   │ 熄灭红灯  │
                        └──────────┘
```

图 4-48　题 4-11 图

4-12　用 PLC 顺序控制指令实现彩灯的自动控制：有两台电动机，要求按下起动按钮后，第一台电动机先起动，10s 后第二台自动起动，起动完成后，停车时按下停止按钮，第二台电动机先停，20s 后第一台电动机自动停止，出现紧急情况时，按下急停按钮，两台电动机同时停止。

# 第五章 运动控制
## CHAPTER 5

知识目标：掌握运动控制系统的基本组成、控制原理及实现方法，掌握S7-1200 PLC运动控制的指令功能及应用，学会运动控制程序的设计方法。

能力目标：依据不同运动控制功能的要求，能进行运动控制系统的应用设计。

运动控制是自动化系统重要的控制类型，运动控制广泛应用在包装、印刷、纺织和装配工业中。在自动化控制的应用现场，运动控制利用伺服系统对机械传动的位置、速度等物理量进行控制，对控制对象的移动轨迹及移动目标位置进行定位控制，如传送带、变位机和旋转料库位置等。通常利用伺服执行设备（如液压泵、线性执行机、电机等）来控制机械设备的位置、速度等。

伺服系统的控制器通过驱动装置控制电机运行，利用机械结构的作用使被控对象沿着预定的轨迹运行，到达预定的目标位置。在此过程中，系统将目前对象所处的位置实时反馈传送给控制器或者驱动器，从而构成闭环控制，这样控制器就可以精准地控制被控对象，较为简单的控制场合可以采用开环控制。

变频器控制系统与伺服系统相比，其控制功能较为简单。控制器利用变频器控制三相交流异步电动机的运行，通常采用速度控制的开环控制方式，用于电动机的变频调速控制场合；而伺服系统主要用于电动机频繁起停、高速且高精度要求的场合。

# 第一节  变频器

学习目标：掌握变频器的工作原理及应用特点，掌握西门子MM440变频器的结构组成、操作面板功能，学会变频器的外部接线、参数设置等方法。

变频器（Variable-frequency Drive，VFD）采用了变频技术、微电子技术，是一种将固定频率的交流电源转换为频率连续可调的交流电源的一种电力电子设备，主要用于对三相异步电动机的调速、转矩控制。传统的直流调速装置体积大，故障率高，使直流调速的应用受到限制。在三相异步交流电动机调速控制系统中，变频调速控制系统以其工作效率高、控制性能良好，操作方便及运行可靠性高等优点，被广泛应用，变频调速技术也得到了快速的发展。

## 一、变频器的工作原理

变频器利用电力半导体器件的导通、断开作用将电压、频率固定不变的交流电源转换为电压、频率可调的交流电源。变频器内部由主电路（功率单元）和控制电路（控制单元）两部分组成。

主电路提供了三相异步电动机可控电源，按电路结构可以分为交-交电路、交-直-交电路，按滤波方式分为以下两个类型：

1）电压型：将电压源的直流变换为交流的变频器，滤波电路采用电容元件，由于滤波电容的电压不能发生突变，所以变频器控制响应较慢，不适应频繁变速的控制场合。

2）电流型：将电流源的直流变换为交流的变频器，而滤波电路采用电感元件，由于滤波电感上的电流不能发生突变，所以变频器对负载变化的反应迟缓，不适用于多电机传动，但可以满足快速起动、制动和可逆运行的要求。

图 5-1 所示为交-直-交变频器主电路，由整流电路、直流电路和逆变器三部分组成。三相交流电压经过二极管 VD1 ~ VD6 整流后转换为直流。$R_L$ 为限流电阻，直流电压中含有高频的脉动电压信号，同时受到逆变器产生脉动电流的影响。电容 $C_{F1}$、$C_{F2}$ 起滤波作用，让直流电压波形变得更加平滑。$R_1$、$R_2$ 为均压电阻，使 $C_{F1}$ 和 $C_{F2}$ 上的电压相等。$R_{01}$、$C_{01}$ 放电回路的作用是释放掉感性负载起动或停止时感应的反电势。变频器的控制电路将检测电路的信号进行运算处理，提供满足驱动要求的驱动信号，并控制 6 个绝缘栅双极晶体管（IGBT）的断开、导通，并输出三相交流电源。

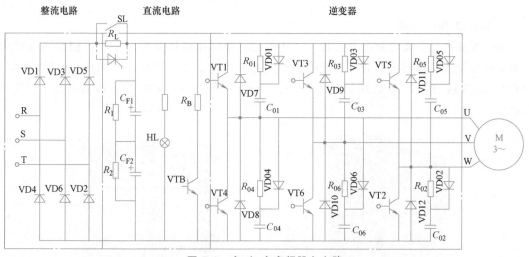

图 5-1 交-直-交变频器主电路

另外，变频器控制电路可提供过电流、过电压等保护，配置有 A-D 外部接口电路、通信接口等，以适应各类控制任务的要求。

## 二、西门子 MM440 变频器

### 1. 西门子 MM440 变频器外部接线

MM440（MICROMASTER440）变频器是面向电动机动态响应应用而设计的高性能驱动

装置，MM440变频器内置微处理器，采用绝缘栅双极晶体管作为功率输出器件，具有低速高转矩输出、较强的过载能力、保护功能完善以及良好的动态特性。图5-2所示为MM440变频器外部接线端子图。

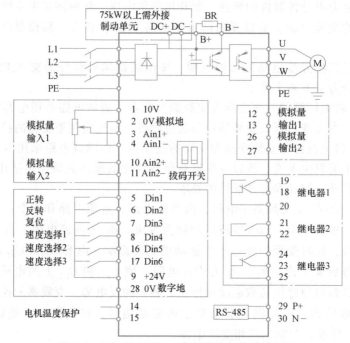

图5-2　西门子MM440变频器外部接线端子图

### 2. BOP-2 操作面板

变频器的运行需要设置多项参数，电动机的变频调速特性要满足生产机械控制的要求，必须正确地设置变频器的参数。变频器的参数可采用基本操作面板（BOP）、高级操作面板（AOP）或者通过串行通信接口进行设置。变频器外形图、BOP-2分别如图5-3、图5-4所示。

图5-3　MM440变频器外形图

图5-4　BOP-2

通过BOP-2可以设置变频器的参数，显示参数的序号、数值、报警和故障信息等。

通过面板上的功能键可以实现控制电动机的起动、停止、正转、反转及点动等操作。注意：在默认设置下，用BOP控制电动机的功能是被禁止的，如果要用BOP进行控制，参数P0700（使能BOP的起动/停止按钮）应设置为1，参数P1000（使能电位器的设定值）也应设置为 1。

3. 变频器对电动机的运行操作

1）起动控制：在变频器的前操作面板上按运行键 ![运行键]，变频器将驱动电动机升速，并运行在由参数 P1040 设定的转速上。

2）正反转及加减速运行：电动机的旋转方向、转速（运行频率）可直接通过按前操作面板上的 ![换向键] 键、增减键（▲/▼）来改变。

3）点动运行：按下变频器前操作面板上的点动键 ![点动键]，变频器驱动电动机起动并运行在由参数 P1058 设置的正向点动频率值。当松开点动键时，电动机降速为零。若按下换向键，再重复上述的点动运行操作，电动机将反向点动运行。

4）停止控制：在操作面板上按停止键 ![停止键]，则变频器将驱动电动机降速为零。

4. 变频器的参数

变频器的参数设置繁多，相互关系复杂，西门子系列变频器有几千条参数，如果不对这些参数进行分类和有选择地编排，使用者就难以在众多参数中找出有用的参数。变频器的参数有 4 个用户访问级，访问的等级由参数 P0003 来选择，具体如下：

1）P0003 = 1，标准访问级，可以访问最经常使用的参数。

2）P0003 = 2，扩展访问级，允许扩展访问参数的范围。

3）P0003 = 3，专家访问级，复杂应用，仅供专家使用。

4）P0003 = 4，维修访问级，系统设置，仅供授权的维修人员使用。

如图 5-5 所示，把所有调试参数分配到一个圆内，访问级别越高，访问参数越靠近圆内核，其外圈的参数均可访问，因此访问参数的范围就越大，相应的参数设置工作也越复杂。维修级的参数只用于内部的系统设置，只有得到授权的人员才能修改，对于大多数用户，只要访问标准级和扩展级的参数就足够了，这样可为调试人员节省很多时间。例如通过 P0004 参数进行选择，当 P0004 = 2 时，选择变频器参数；当 P0004 = 3 时，选择电动机数据。

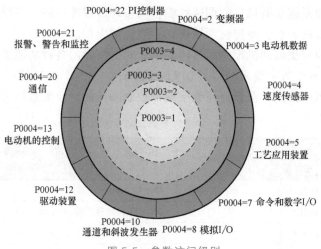

图 5-5　参数访问级别

变频器参数分级访问，访问参数仍然繁多，可将参数按照功能进行分组。图 5-6 所示为参数组结构图以及参数组的切换，变频器参数分为控制参数组 CDS（分为 CDS0、CDS1 和

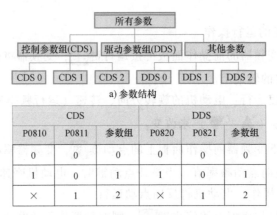

a) 参数结构

| CDS | | | DDS | | |
|---|---|---|---|---|---|
| P0810 | P0811 | 参数组 | P0820 | P0821 | 参数组 |
| 0 | 0 | 0 | 0 | 0 | 0 |
| 1 | 0 | 1 | 1 | 0 | 1 |
| × | 1 | 2 | × | 1 | 2 |

b) 参数组切换设置说明

图 5-6　参数组结构图及参数组的切换

CDS2)、驱动参数组 DDS（分为 DDS0、DDS1 和 DDS2）及其他参数，其中 CDS 参数组在 P0810、P0811 的选择下在 CDS0、CDS1 和 CDS2 三组之间进行切换，而 DDS 参数组在 P0820、P0821 的选择下在 DDS0、DDS1 和 DDS2 三组之间进行切换。

# 第二节　三相异步电动机变频调速

**学习目标**：掌握 MM440 变频器对三相异步电动机多段速、无级调速控制的方法。

变频调速系统是由变频器驱动电动机运行，实现不同的电动机转速与转矩的控制，以适应负载的需求变化。变频调速已经成为主流的调速方案，可广泛应用于无级变速传动。三相异步电动机变频调速系统具有优良的调速性能，能实现多段速控制、平滑的无级调速，电动机调速范围宽，效率高，在工业控制领域得到了广泛的应用。

变频调速系统应根据电动机控制的具体要求，对变频器的各种功能参数进行设置。西门子 MM440 变频器有 6 个数字输入端口（DIN1~DIN6），这 6 个端口的控制功能可以由用户通过内部参数的设置来确定。参数值与数字端口控制功能的对应关系见表 5-1。

表 5-1　数字输入端口功能设置表

| 数字输入 | 端口编号 | 参数 | 6 个参数均可设置的参数值 | 功能说明 |
|---|---|---|---|---|
| DIN1 | 5 | P0701 | 0 | 禁止数字输入 |
| DIN2 | 6 | P0702 | 1 | ON/OFF1(接通正转、停车命令 1) |
| DIN3 | 7 | P0703 | 2 | ON/OFF1(接通反转、停车命令 1) |
| DIN4 | 8 | P0704 | 3 | OFF2(停车命令 2),按惯性自由停车 |
| DIN5 | 16 | P0705 | 4 | OFF3(停车命令 3),按斜坡函数曲线快速降速 |
| DIN6 | 17 | P0706 | 9 | 故障确认 |

（续）

| 数字输入 | 端口编号 | 参数 | 6个参数均可设置的参数值 | 功能说明 |
|---|---|---|---|---|
| 说明：数字输入通道功能由对应参数的数值来设定，如 DIN1 的对应参数为 P0701，其数值可以设置为 0、1 等，若为 10，则设定该通道为正向点动控制 | | | 10 | 正向点动 |
| | | | 11 | 反向点动 |
| | | | 12 | 反转 |
| | | | 13 | MOP（电动电位计）升速（增加频率） |
| | | | 14 | MOP 降速（减少频率） |
| | | | 15 | 固定频率设定值（直接选择） |
| | | | 16 | 固定频率设定值（直接选择+ON 命令） |
| | | | 17 | 固定频率设定值（二进制编码选择+ON 命令） |
| | | | 25 | 直流注入制动 |
| | | | 29 | 外部故障信号触发跳闸 |
| | | | 33 | 禁止附加频率设定值 |
| | | | 99 | 使能 BICO 参数化 |

# 一、变频器的多段速控制

变频器的多段速控制是指三相异步电动机在设定的不同速度段运行，此时变频器的控制方式选为端口控制，将 PLC 的数字量输出信号传送到变频器的数字量端口。设置参数 P1000 = 3，同时由设定参数确定各个端口电动机运行的固定频率，通过控制端口信号选择不同的电动机运行频率，从而实现电动机多段速运行。

多段速控制

MM440 变频器的 6 个数字输入端口可以通过 P0701～P0706 参数设置实现多段速控制。每一段电动机运行频率可分别由 P1001～P1015 参数设置，最多可实现 15 频段控制。图 5-7 所示为多段速电动机控制接线图。三相异步电动机多段速控制可通过以下 3 种方法实现：

1）直接选择。参数 P0701～P0706 设置为15，各个数字端口输入的固定频率分别设置在参数 P1001～P1006，由端口信号来选择不同的固定频率，从而控制电动机运行速度。当选择有多个端口同时激活时，电动机运行的频率

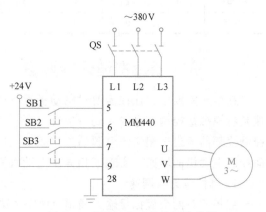

图 5-7　多段速电动机控制接线图

是各端口固定频率之和。注意：在直接选择控制方式下，数字端口信号不能直接起动电动机，变频器应另行安排电动机的起动信号。数字端口与对应参数的关系见表 5-2。

表 5-2　数字端口与对应参数的关系

| 端口编号 | 端口对应参数 | 设定值 | 固定频率设置参数 | 固定频率设定值 |
|---|---|---|---|---|
| 5 | P0701 | 15 | P1001 | 固定频率1 |
| 6 | P0702 | 15 | P1002 | 固定频率2 |
| 7 | P0703 | 15 | P1003 | 固定频率3 |
| 8 | P0704 | 15 | P1004 | 固定频率4 |
| 16 | P0705 | 15 | P1005 | 固定频率5 |
| 17 | P0706 | 15 | P1006 | 固定频率6 |

2）直接选择 + ON 命令。参数 P0701~P0706 设置为 16，其他参数设置与直接选择方式相同；不同的是在直接选择 + ON 命令的控制方式下，数字端口既可以选择固定频率，又具备电动机起动功能。

3）二进制编码选择 + ON 命令。参数 P0701~P0706 设置为 17，每一段速度对应的频率分别由 P1001~P1015 参数设置，电动机运行的固定频率由 DIN1~DIN4 信号进行选择，如 DIN1~DIN4 为 0010 时，电动机在 PI004 设置的固定频率下运行，在此方式下可实现电动机 15 个频段的运行控制，固定频率选择对应关系见表 5-3。

表 5-3　固定频率选择对应关系

| 频率设定 | DIN4 | DIN3 | DIN2 | DIN1 | 频率设定 | DIN4 | DIN3 | DIN2 | DIN1 |
|---|---|---|---|---|---|---|---|---|---|
| P1001 | 0 | 0 | 0 | 1 | P1009 | 1 | 0 | 0 | 1 |
| P1002 | 0 | 0 | 1 | 0 | P1010 | 1 | 0 | 1 | 0 |
| P1003 | 0 | 0 | 1 | 1 | P1011 | 1 | 0 | 1 | 1 |
| P1004 | 0 | 1 | 0 | 0 | P1012 | 1 | 1 | 0 | 0 |
| P1005 | 0 | 1 | 0 | 1 | P1013 | 1 | 1 | 0 | 1 |
| P1006 | 0 | 1 | 1 | 0 | P1014 | 1 | 1 | 1 | 0 |
| P1007 | 0 | 1 | 1 | 1 | P1015 | 1 | 1 | 1 | 1 |
| P1008 | 1 | 0 | 0 | 0 | | | | | |

## 二、变频器模拟量无级调速

在生产实践中，往往需要对电动机运行速度进行平滑的调速控制。变频器模拟量无级调速是将模拟量控制信号输入到变频器，经内部 A/D 转换器变换成数字信号，利用数字信号控制变频器输出三相交流电源的工作频率，通过改变模拟量，就改变了电源的工作频率，从而控制电动机的转速，实现三相异步电动机模拟量无级调速的功能。

1. 模拟量无级调速

变频器有两个模拟量输入通道 ADC1（端口为 3、4）、ADC2（端口为 10、11）。通过变频器 I/O 板上的两个开关 DIP1、DIP2 可以设置并选择模拟量输入通道的信号类型。

如图 5-8 所示，西门子 MM440 变频器的 "1" "2" 端口为用户提供了一个 10V 直流稳压电源，将电动机转速调节电位器串联在电路中，通过调节电位器改变给定的输入模拟量电压的大小，即可平滑无级地调节电动机转速的大小。

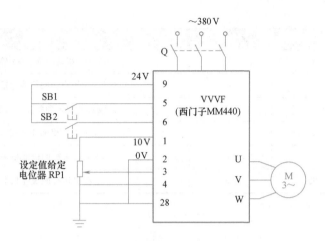

图 5-8　模拟量控制接线图

## 2. 变频器无级调速参数设置举例

1）恢复变频器工厂默认值。设定 P0010 = 30 和 P0970 = 1，按下 P 键，开始复位。

2）设置电动机参数，见表 5-4。参数设置完成后，设 P0010 = 0，变频器当前处于准备状态，可正常运行。

表 5-4　电动机参数设置

| 参数号 | 出厂值 | 设置值 | 说明 |
| --- | --- | --- | --- |
| P0003 | 1 | 1 | 设用户访问级为标准级 |
| P0010 | 0 | 1 | 快速调试 |
| P0100 | 0 | 0 | 工作地区：功率以 kW 为单元表示，频率为 50Hz |
| P0304 | 230 | 380 | 电动机额定电压（V） |
| P0305 | 3.25 | 0.95 | 电动机额定电流（A） |
| P0307 | 0.75 | 0.37 | 电动机额定功率（kW） |
| P0308 | 0 | 0.8 | 电动机额定功率因数（cosΦ） |
| P0310 | 50 | 50 | 电动机额定频率（Hz） |
| P0311 | 0 | 2800 | 电动机额定转速（r/min） |

3）设置模拟信号操作控制参数，见表 5-5。

表 5-5　模拟信号操作控制参数

| 参数号 | 出厂值 | 设置值 | 说明 |
| --- | --- | --- | --- |
| P0003 | 1 | 1 | 设用户访问级为标准级 |
| P0004 | 0 | 7 | 命令和数字 I/O |
| P0700 | 2 | 2 | 命令源选择由端子排输入 |
| P0003 | 1 | 2 | 设用户访问级为扩展级 |
| P0004 | 0 | 7 | 命令和数字 I/O |
| P0701 | 1 | 1 | ON 接通正转，OFF 停止 |

（续）

| 参数号 | 出厂值 | 设置值 | 说明 |
|---|---|---|---|
| P0702 | 1 | 2 | ON 接通反转，OFF 停止 |
| P0003 | 1 | 1 | 设用户访问级为标准级 |
| P0004 | 0 | 10 | 设定值通道和斜坡函数发生器 |
| P1000 | 2 | 2 | 频率设定值选择为模拟输入 |
| P1080 | 0 | 0 | 电动机运行的最低频率（Hz） |
| P1082 | 50 | 50 | 电动机运行的最高频率（Hz） |

# 第三节　步进电动机驱动控制

**学习目标**：掌握步进电动机的结构原理、驱动控制设计的方法，学会使用步进驱动器。

步进电动机在工业自动化控制中应用非常广泛，它是一种将电脉冲信号转化为角位移的执行机构。步进电动机接收脉冲数字信号，并转化成与之相对应的角位移或直线位移。步进电动机接收到一个脉冲信号就转动一个步距角，其转动角位移与控制脉冲信号精确同步，这样控制器通过控制发出的脉冲数量来控制电动机转动的角位移量，从而达到准确定位的目的，同时通过控制脉冲频率来控制电动机转动的速度和加速度，达到调速的目的。

步进电机控制

步进电动机的显著特点是具有快速起停能力，没有运行积累误差，控制精度高，作为控制电动机被广泛应用于各类开环控制，如在绘图机、打印机及光学仪器中，均采用步进电动机来精准定位绘图笔、印字头或光学镜头。

## 一、步进电动机及驱动控制原理

步进电动机按励磁方式分为磁阻式、永磁式和混合式 3 种类型，按相数可分为单相、两相、三相和多相。以三相磁阻式步进电动机为例，如图 5-9 所示，步进电动机主要由定子绕组、定子和转子等组成。其中定子由磁性材料构成，定子上有 6 个磁极，每两个相对的磁极缠绕同一相定子绕组，定子绕组分为 A 相、B 相和 C 相。转子由硅钢片叠压制成，分布有 4 个齿。

如图 5-10 所示，步进电动机是利用电磁学原理进行驱动控制的，当 A 相定子绕组励磁后，A 方向的磁通经转子形成闭合回路，若转子与磁场轴方向有一定的角度，由于磁力线从磁阻最小的路径闭合，因此会在磁力线扭曲时产生切向力，而形成磁阻转矩，产生电磁力吸引转子，使转子上的齿与该相定子磁极上的齿对齐，转子便转动了一个角度，当 B 相定子绕组通电时，转子又转动一个角度，接下来 C 相定子绕组通电，若每相定子绕组依次不停地通电，转子就转动起来。

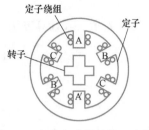

图 5-9　步进电动机结构示意图

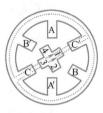

图 5-10　步进电动机工作原理图

步进电动机的驱动控制就是将一个脉冲序列按照一定相位关系依次加载到步进电动机不同相的定子绕组上，通过脉冲数量、脉冲相位关系和脉冲频率控制步进电动机转动的角位移、方向和转速。实际应用中，由于控制器发出的脉冲信号功率较小，故采用步进驱动器进行功率放大，同时控制器产生的单相脉冲信号无法驱动两相或三相步进电动机，因此步进驱动器还具有劈相功能。步进驱动器的主要组成部分有脉冲发生控制器、功率放大单元和保护单元等。

如图 5-11 所示，控制器发送给步进驱动器 3 个信号：脉冲信号、方向信号以及脱机信号。方向信号控制电动机的正反转，此信号为开关量信号。当脱机信号接通时，步进驱动器会立即切断输出相电流，使步进电动机处于自由的状态，脱离驱动器控制。

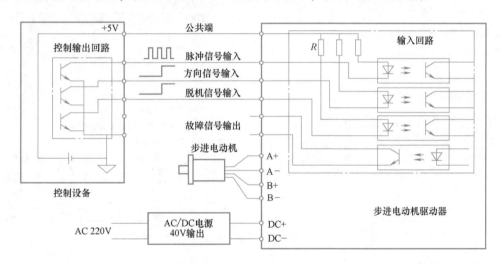

图 5-11　步进电动机驱动器硬件电路

步进电动机旋转方向与内部定子绕组的通电顺序有关。三相步进电动机有以下 3 种控制方式：

1）单三拍，定子绕组通电顺序为 A→B→C。

2）双三拍，定子绕组通电顺序为 AB→BC→CA。

3）三相六拍，定子绕组通电顺序为 A→AB→B→BC→C→CA。

以单三拍控制方式为例，当方向信号为 "1" 时，脉冲信号输出为正序列，电动机三相定子绕组通电按 A→B→C 的顺序进行通电，步进电动机正向转动；当方向信号为 "0" 时，脉冲信号输出为负序列，三相定子绕组按照 C→B→A 的顺序进行通电，步进电动机反向转动。其他两种工作方式可以此类推。

步距角是指对应一个脉冲信号驱动电动机转子转过的角位移，用 $\theta$ 表示。其计算方法为

$$\theta = \frac{360°}{MZK} \tag{5-1}$$

式中　$M$——步进电动机的相数；

　　　$Z$——转子齿数；

　　　$K$——控制系数，运行步数与相数之比。

例如，两相步进电动机转子齿数为 50，4 步执行时步距角为 $\theta = 360°/(50 \times 4) = 1.8°$（俗称整步）。8 步执行时步距角为 $\theta = 360°/(50 \times 8) = 0.9°$（俗称半步）。

在没有细分驱动器时，用户主要靠选择不同相数的步进电动机来满足步距角的要求。如果使用驱动器的细分设置，在驱动器上改变细分数，就可以改变步距角。

## 二、步科 3M458 步进驱动器应用

步科 3M458 步进驱动器配置了 8 个 DIP 设定开关，用于设定步进电动机驱动器的工作方式及工作参数。开关功能设置如图 5-12 所示，包括细分设置 DIP1～DIP3 开关、静态电流设置 DIP4 开关和输出相电流设置 DIP5～DIP8 开关。

■ DIP开关的正视图如下：

■ DIP开关功能说明：

| 开关序号 | ON功能 | OFF功能 |
| --- | --- | --- |
| DIP1～DIP3 | 细分设置用 | 细分设置用 |
| DIP4 | 静态电流全流 | 静态电流半流 |
| DIP5～DIP8 | 电流设置用 | 电流设置用 |

■ 细分设定表如下：

| DIP1 | DIP2 | DIP3 | 细分 |
| --- | --- | --- | --- |
| ON | ON | ON | 400PPR |
| ON | ON | OFF | 500PPR |
| ON | OFF | ON | 600PPR |
| ON | OFF | OFF | 1000PPR |
| OFF | ON | ON | 2000PPR |
| OFF | ON | OFF | 4000PPR |
| OFF | OFF | ON | 5000PPR |
| OFF | OFF | OFF | 10000PPR |

注：PPR表示电动机每转需要的脉冲数。

■ 输出相电流设定表如下：

| DIP5 | DIP6 | DIP7 | DIP8 | 输出电流 |
| --- | --- | --- | --- | --- |
| OFF | OFF | OFF | OFF | 3.0A |
| OFF | OFF | OFF | ON | 4.0A |
| OFF | OFF | ON | ON | 4.6A |
| OFF | ON | ON | ON | 5.2A |
| ON | ON | ON | ON | 5.8A |

图 5-12　步进电动机驱动器 DIP 开关设置示意图

在实际应用中，步距角也可以理解为 $\theta = 360°/$ 驱动电动机转一圈的脉冲数。例如在无细分的条件下，200 个脉冲驱动步进电动机转一圈，$\theta = 1.8°$，但通过驱动器 DIP1～DIP3 设置可以改变步距角，细分精度若为 10000 个脉冲驱动步进电动机转一圈，则 $\theta = 0.036°$。DIP1、DIP2 和 DIP3 的开关状态与细分设置的对应关系如图 5-12 所示，实际应用中可根据需要通过 DIP1、DIP2 和 DIP3 进行对应精度的设置。

图 5-13 所示为步进电动机驱动器与 PLC 的接线图，PLC Q0.0 端口输出脉冲信号到驱动器 PLS+、PLS−端子，端口 Q0.1 输出电动机方向控制的开关量信号，输入到驱动器 DIR+、DIR−端子。此信号为高电平时，驱动器输出电源 U、V、W 按正序脉冲序列输出，电动机正向转动；若为低电平，驱动器输出电源 U、V、W 按负序脉冲序列输出，电动机反方向转动。端口 Q0.2 输出脱机信号，接入 FRE+、FRE−端子，当此端子信号为"1"时，驱动器

将断开步进电动机的 U、V、W 电源。注意：当控制器的控制信号电压为 5V 时，连接线路中的 $R=0\Omega$；当控制器输出信号电压为 24V 时，为保证控制信号的电流符合驱动器的要求，在连接线路中的 $R=2k\Omega$。

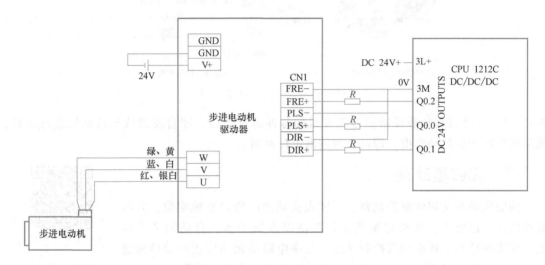

图 5-13 步进电动机驱动控制电路图

# 第四节 伺服电动机驱动控制

**学习目标**：掌握伺服控制系统的组成及控制功能，学会伺服电动机驱动器的使用方法。

伺服系统是以移动对象的位置、方向和速度等为控制量的闭环控制系统，它是由控制器、伺服驱动器、伺服电动机和反馈装置组成。控制器采用具有运动控制功能的 PLC 或专用的运动控制模块。伺服驱动器用于接收控制器的命令并驱动伺服电动机。伺服电动机是执行机构。反馈装置是将电动机的机械位置信息实时传送到伺服驱动器或控制器，从而形成闭环控制系统。伺服系统具有位置控制、速度控制以及转矩控制功能，其控制精度高、性能好，常用于高精度、高性能要求的应用场合，如绕线机、包装机及贴标机等。

## 一、伺服电动机的驱动控制原理

伺服控制系统的执行器件是伺服电动机，图 5-14a 为伺服电动机外形图，其内部的转子为永磁铁，转子的转动位置、转速受输入脉冲信号的控制，可以把输入信号转换为电动机轴的角位移或角速度输出，也可通过丝杠将电动机转动的角位移转换为线位移。伺服电动机响应速度快，运转平稳，过载能力强，速度及位置精度控制准确。

如图 5-14b 所示，在伺服电动机的运行过程中，伺服电动机每旋转一个角度，编码器实时记录伺服电动机的位置，并发出与电动机转动角位移对应的脉冲数，反馈给驱动器（或

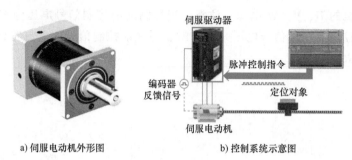

a) 伺服电动机外形图          b) 控制系统示意图

图 5-14　伺服电动机控制系统

控制器），驱动器将接收反馈信号与发送的脉冲进行比较，即将反馈值与目标值进行比较，然后调整转子的转动角度，即可实现精准定位控制。

## 二、伺服驱动器

伺服驱动工作原理

伺服驱动器又称伺服控制器，可实现高精度的传动系统定位，并具有过电流、过电压、缺相与短路保护功能以及抗干扰、自动调节等功能。伺服驱动器主要由伺服控制单元、功率电路单元和位置反馈检测器件等部分组成。目前主流的伺服驱动器采用了数字信号处理器（DSP）作为控制器件，可以实现较为复杂的控制算法，通过磁场定向和坐标变换实现矢量控制。伺服控制单元是整个伺服系统的核心，伺服功率单元采用智能功率模块的驱动电路及正弦波脉宽调制（SPWM）控制模式对伺服电动机进行控制。

如图 5-15 所示，伺服驱动器由位置环、速度环和电流环 3 个闭环控制系统组成，即通过位置控制、速度控制和转矩控制 3 种方式对伺服电动机进行控制。

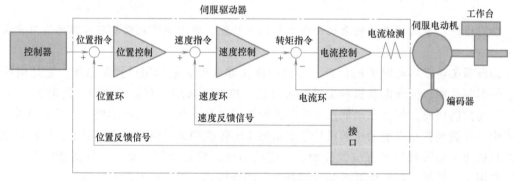

图 5-15　伺服电动机驱动器闭环控制示意图

1）位置控制：以位置为目标的控制。位置控制模式通过外部输入脉冲信号的频率控制转动速度，通过脉冲的个数来确定转动的角度。由于位置控制方式对速度和位置都有很严格的控制，所以一般应用于定位装置。

2）速度控制：以速度为目标的控制。通过模拟量的输入或脉冲的频率均可以实现对电动机转动速度的控制。速度控制方式支持直接负载外环检测位置信号。

3）转矩控制：以转矩为目标的控制。通过外部模拟量的输入或直接赋值来设置电动机轴输出转矩的大小。

如图 5-16 所示，控制器指令输入给伺服驱动器脉冲 $f_1$，将经过电子齿轮的变换，与位置反馈脉冲相比较，经偏置计数器、放大器并输出驱动电动机，构成闭环控制。

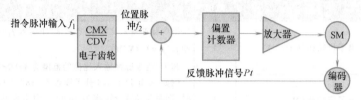

图 5-16　位置分辨率与电子齿轮比的关系

位置分辨率是指每个脉冲的行程 $\Delta L$，取决于电动机每转的行程 $\Delta S$ 和电动机每转一周编码器反馈的脉冲数 $Pt$，即

$$\Delta L = \frac{\Delta S}{Pt} \tag{5-2}$$

式中　$\Delta L$——每个位置脉冲的行程（mm/p）；

　　　$\Delta S$——伺服电动机每转的行程（mm/r）；

　　　$Pt$——编码器每转反馈脉冲数（p/r）。

在实际应用中，伺服驱动器在位置控制模式下，当指令脉冲与反馈脉冲相等时，伺服电动机以稳定速度运行，即

$$f_1 \frac{CMX}{CDV} = Pt \frac{n}{60} \tag{5-3}$$

式中　$f_1$——指令脉冲频率（p/s）；

　　　$n$——伺服电动机速度（r/min）。

台达 ASDA-AB 伺服驱动器的控制回路采用高速 DSP，控制绝缘栅双极晶体管（IGBT）产生精确的电流信号输出，驱动三相永磁式同步交流伺服电动机（PMSM），并配合增益自动调整，实现高速位移、精准定位等运动控制需求。

伺服驱动器的电路主要由功率驱动单元、控制回路和操作显示三部分组成。功率驱动单元通过三相全桥整流电路对输入的三相交流电源进行整流，再通过三相 SPWM 电压型逆变器变频来驱动交流伺服电动机。伺服驱动器的工作模式有位置、速度和转矩 3 种基本操作模式，可以选择单一模式，也可以按需选择混合模式进行控制。操作模式是通过参数 P1-01 来选择的。

台达 ASDA-AB 伺服驱动器的操作面板由显示器、电源指示灯及 5 个操作键组成，用于驱动器运行参数监控、参数设置及异常报警等。伺服驱动器参数包括基本参数、扩展参数、通信参数和诊断参数 4 种类型。常用的参数功能见表 5-6。

表 5-6　伺服驱动器常用的参数功能

| 序号 | 参数 | | 设置数值 | 功能和含义 |
| --- | --- | --- | --- | --- |
| | 参数编号 | 参数名称 | | |
| 1 | P0-02 | LED 初始态 | 00 | 显示电机反馈脉冲数 |
| 2 | P1-01 | 控制模式及控制命令输入源设定 | 00 | 位置控制模式 |

（续）

| 序号 | 参数 | | 设置数值 | 功能和含义 |
|------|------|------|------|------|
| | 参数编号 | 参数名称 | | |
| 3 | P1-44 | 电子齿轮比分子(N) | 1 | 指令脉冲输入比设定：指令脉冲输入 $f_1 \to N/M \to$ 位置指令脉冲 $f_2(f_2 = f_1 \times N/M)$<br>其中，指令脉冲输入比值的范围为 $1/50 < N/M < 200$<br>例如，初始值 P1-44 分子设置为"16"，P1-45 分母设置为"10"时，伺服驱动器分辨率为160000，则指令脉冲输入 $f_1$ 为 100000 驱动电机转一周 |
| 4 | P1-45 | 电子齿轮比(M) | 1 | |
| 5 | P2-00 | 位置控制比例增益 | 35 | 位置控制增益增大时，可提升位置应答性及缩小位置控制误差，但过大易产生振动及噪声 |
| 6 | P2-02 | 位置控制前馈增益 | 5000 | 位置控制命令平滑变动时，增益加大可以改善位置跟随误差。位置控制命令不平滑变动时，降低增益可以减小振动 |

图 5-17 所示为采用 S7-1200 PLC、伺服驱动器控制伺服电动机的接线图。伺服驱动器设置在位置控制模式，PLC 的 Q0.0 输出脉冲作为伺服驱动器的位置指令，输入到伺服驱动器的 PULSE 端子。PLC 的 Q0.1 输出信号作为伺服驱动器的方向信号，输入到伺服驱动器的 SIGN 端子，控制伺服电动机正转或反转。伺服电动机运行位置由编码器进行位置反馈，并将反馈信号通过 CN2 电缆输入伺服驱动器，构成闭环控制。

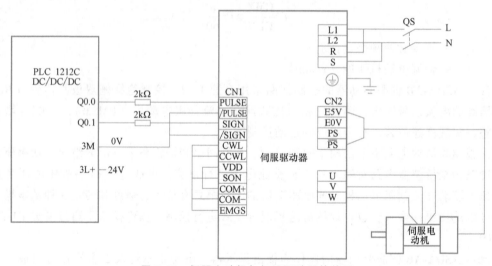

图 5-17　伺服电动机与伺服驱动器接线图

## 三、编码器

编码器是将角位移或直线位移转换成电信号的一种装置，能精确地记录运动目标的行程。

编码器的工作原理

图 5-18 所示为增量式编码器外形图，它由光栅板和光电检测装置组成，在光栅板半径相同的圆周上等分地刻有若干个长方形狭缝，光源及光电元件分别安装在光栅板两边。

如图 5-19 所示，由于光栅板与电动机同轴，电动机旋转时，光栅板与之同速旋转。发光二极管作为光源，光线透过棱镜、光栅板的狭缝和固定光栅投射到光电二极管上。光电二极管被照亮时导通，反之光电二极管截止。在电动机轴转动的过程中，检测装置输出与转过的狭缝数量相同的脉冲信号，而轴运动速度由一定时间内产生的脉冲信号决定。因此通过计量编码器每转反馈的脉冲数量及转动时间，不仅可以检测电动机转动角度，还可以达到测量转速的目的。

图 5-18　增量式编码器

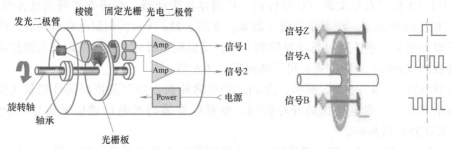

图 5-19　增量式编码器工作原理示意图

为了判断轴的旋转方向，编码器采用了两套光电转换装置，利用它们在空间的相对位置的关系，保证它们产生的信号在相位上相差 90°，即方波脉冲 A、B 两组脉冲，用于辨别轴转动的方向：当 A 相脉冲超前 B 相时为正转方向，而当 B 相脉冲超前 A 相时为反转方向；Z 相脉冲信号为计圈相，用于基准点定位，编码器每旋转 360°，Z 相就发出一个脉冲。

图 5-20 所示为编码器与 PLC 接线图。编码器工作电源为 DC 12～24V，其外部接线有 4 个端子线，棕色线接电源正极，蓝色线接电源负极，黑色线、白色线分别接 PLC 两个输入通道，提供内部计数器脉冲信号，进行数据采集。

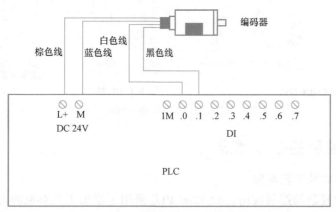

图 5-20　编码器与 PLC 接线图

# 第五节　S7-1200 PLC 运动控制

**学习目标**：掌握 S7-1200 PLC 运动控制的方式及实现方法，熟悉运动控制指令的功能，能运用运动控制指令实现运行控制任务。

在运动控制应用中，S7-1200 PLC 属于单轴、脉冲控制的集成点运动控制类型。在 V3.0 版本下，PLC 最多可以支持 4 个轴的控制，集成点最高为 100kHz。依据 PLC 驱动控制连接方式的不同，S7-1200 PLC 的运动控制有以下 3 种方式：

1）PROFIdrive 控制：PROFIdrive 定义了一个运动控制模型，设备之间通过预设 PROFI-BUS/PROFINET 接口及报文进行数据传输，控制器与驱动器、编码器之间通过各种 PROFI-drive 消息帧传输控制字、状态字和设定值等。如图 5-21a 所示，伺服电动机内置编码器的反馈包括反馈伺服驱动器、通过总线反馈到 PLC、反馈到布线式工艺模块以及反馈控制器 PLC 的高速计数器（HSC）4 种方式，可实现闭环运动控制。

2）PTO 控制：如图 5-21b 所示，由 PLC 输出脉冲和方向两路控制信号到驱动器，由驱动器控制电动机，实现电动机的开环控制，也可以将编码器的反馈信号传送到 PLC 内部 HSC，构成闭环运行控制。

3）模拟量控制：PLC 将模拟量信号作为给定值发送到驱动器，通过模拟量的变化控制电动机的转速。图 5-21c 所示的伺服电动机内置编码器的反馈包括通过总线反馈到 PLC、反馈到布线式工艺模块以及反馈到控制器 PLC 内部 HSC 3 种方式。

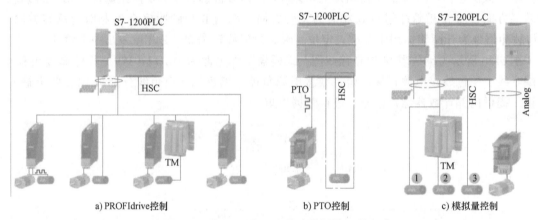

a) PROFIdrive控制　　　　　　b) PTO控制　　　　　　c) 模拟量控制

图 5-21　S7-1200 PLC 运动控制的 3 种方式

## 一、运动控制的基本概念

### 1. S7-1200 PLC 轴工艺对象

为了适应较为复杂的控制应用，S7-1200 PLC 采用了添加工艺对象的方式，便于 PLC 对控制对象进行控制参数的设置、监控等操作。在运动控制中引用轴工艺对象，将其作为实际运行轴的虚拟映射，便于轴的驱动控制和管理。如图 5-22 所示，添加的轴工艺对象包括组态、调试和诊断 3 个选项操作，其中组态用来设置轴的参数，包括基本参数和扩展参数。每个参数都有状态标记，提示用户轴参数配置的如下状态：

1）✔ 参数配置正确，为系统默认配置，用户没有做修改（图标为蓝色圆背景）。

2）✔ 参数配置正确，不是系统默认配置，用户做过修改（图标为绿色圆背景）。

3）✘ 参数配置没有完成，参数有错误（图标为红色圆背景）。

4) ⚠ 参数组态正确，但不完整，有报警，比如只组态了一侧的限位开关（图标为黄色背景）。

通过对轴工艺对象的组态设置，实现轴运动参数组态的相关配置，如硬件接口、位置定义、电动机动态特性、机械特性、软硬件限位、回零设置和斜坡参数等组态信息，这些数据都存储在轴工艺对象的背景数据块中。轴工艺对象组态完成后，通常需要进行轴运行调试环节，确保轴组态信息（如轴的正/反方向、原点位置、极限位置等）的正确性。在轴运行的过程中，监视轴实际运行状态，对运行错误信息进行诊断并报告。

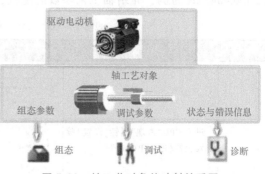

图 5-22　轴工艺对象的映射关系图

**2. 硬限位、软限位**

运动控制过程中，为确保运行轴的安全可靠性，对其运行范围必须进行限制。在轴工艺对象组态时，采用硬限位开关设置"允许行进范围"。硬限位开关是物理开关元件，其开关动作信号必须与 CPU 中具有中断功能的输入端口相连接，硬限位开关动作后，CPU 响应中断及时停止轴运行。

软限位用于设置"工作范围"，图 5-23 所示，其范围在硬限位开关范围内。与硬限位开关不同，软限位开关只通过轴组态设置即可实现，而无须借助自身的开关元件，并可以根据运动轨迹的实际要求进行调整。需注意的是：在组态中或用户程序中使用硬限位和软限位开关之前，必须先将其激活，只有在轴回原点之后，才可以激活软限位开关。

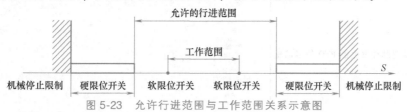

图 5-23　允许行进范围与工作范围关系示意图

**3. 参考点设置**

在运动控制中，为了方便轴定位控制，一般确定一个外部参考点为坐标零点，建立运动控制的坐标系，如图 5-24 所示。轴运动轨迹有一个参考点，轨迹上每个点才可以实现精准的定位。

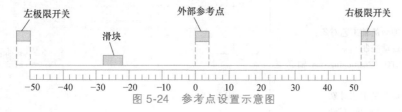

图 5-24　参考点设置示意图

# 二、轴组态配置方法

## 1. 基本组态设置

运动控制设计之前，要进行轴的基本组态配置，添加轴工艺对象。轴工艺对象有定位轴

TO_PositioningAxis、命令表 TO_CommandTable 两种类型。

（1）S7-1200 PLC PTO 控制方式——轴工艺对象：TO_PositioningAxis　这里以添加 TO_PositioningAxis 为例，介绍轴工艺参数的配置，详见表 5-7 组态操作说明。

表 5-7　TO_PositioningAxis 组态操作说明

| 序号 | 操作说明 | 组态界面 |
|---|---|---|
| 1 | 进入 CPU"常规"属性，设置"脉冲发生器(PTO/PWM)" | |
| 2 | 选择 PTO 脉冲信号的类型：<br>脉冲 A 和方向 B<br>脉冲上升沿 A 和脉冲下降沿 B<br>AB 相移<br>AB 相移·四倍频 | |
| 3 | 设置脉冲发生器 PTO 信号的输出端口 | |
| 4 | 添加新的轴工艺对象：<br>①运动控制<br>② TO _ PositioningAxis 轴工艺对象<br>③命名轴工艺对象<br>④单击"确定"按钮 | |

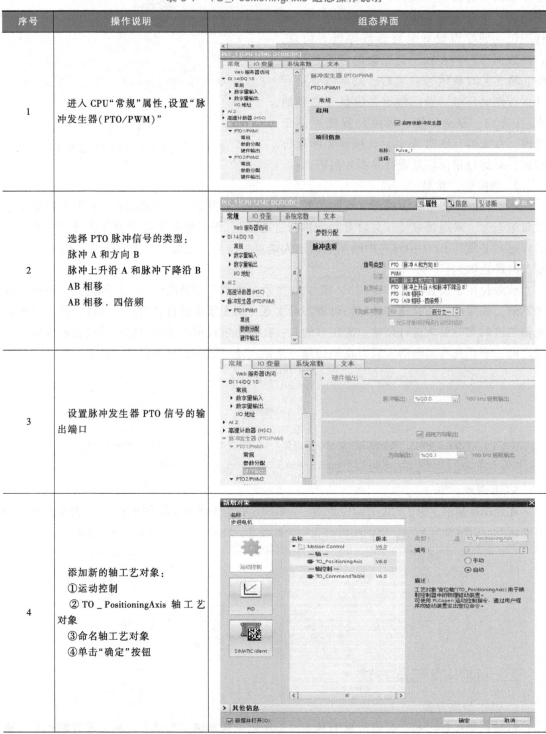

（续）

| 序号 | 操作说明 | 组态界面 |
|------|---------|---------|
| 5 | **基本参数——常规**<br>①工艺对象-轴:定义轴的名称<br>②驱动器:选择通过 PTO 的方式控制驱动器<br>③测量单位:脉冲、距离和角度。距离单位有 mm(毫米)、m(米)、in (英寸)、ft(英尺) | 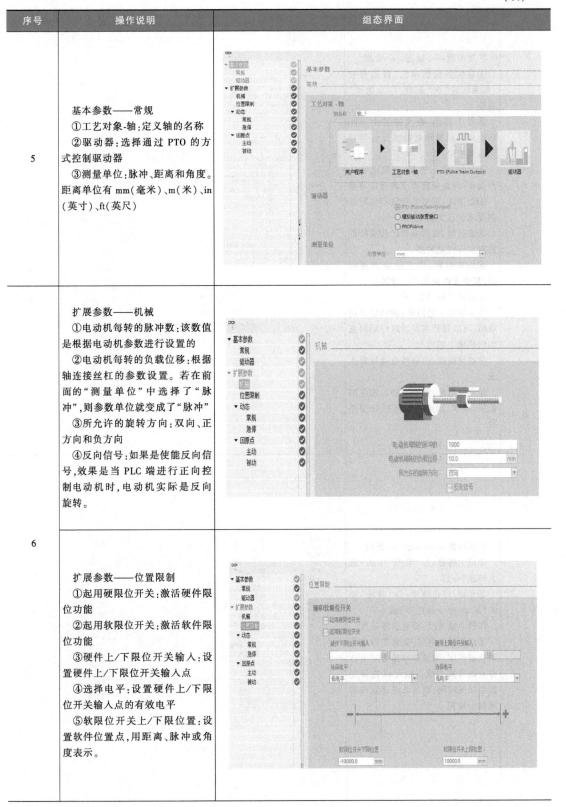 |
| 6 | **扩展参数——机械**<br>①电动机每转的脉冲数:该数值是根据电动机参数进行设置的<br>②电动机每转的负载位移:根据轴连接丝杠的参数设置。若在前面的"测量单位"中选择了"脉冲",则参数单位就变成了"脉冲"<br>③所允许的旋转方向:双向、正方向和负方向<br>④反向信号:如果是使能反向信号,效果是当 PLC 端进行正向控制电动机时,电动机实际是反向旋转。<br><br>**扩展参数——位置限制**<br>①起用硬限位开关:激活硬件限位功能<br>②起用软限位开关:激活软件限位功能<br>③硬件上/下限位开关输入:设置硬件上/下限位开关输入点<br>④选择电平:设置硬件上/下限位开关输入点的有效电平<br>⑤软限位开关上/下限位置:设置软件位置点,用距离、脉冲或角度表示。 | |

（续）

| 序号 | 操作说明 | 组态界面 |
|------|----------|----------|
| 6 | 扩展参数——动态——常规<br>①速度限值的单位：设置参数"最大转速"和"起动/停止速度"单位<br>②最大转速：最大转速由 PTO 输出最大频率和电动机允许的最大速度限定<br>③起动/停止速度：根据电动机的起动/停止速度要求来设定该值<br>④加速度：根据电动机和实际控制要求设置加速度<br>⑤减速度：根据电动机和实际控制要求设置减速度<br>⑥加速时间：用户设定加速时间，加速度由系统自行计算<br>⑦减速时间：同理⑥<br>⑧激活加加速限值：激活加加速限值，可以降低在斜坡运行期间施加到机械上的应力<br>⑨滤波时间：由软件自动计算生成<br>⑩加加速度：激活了加加速度限值后，轴加、减速曲线衔接处变平滑 | 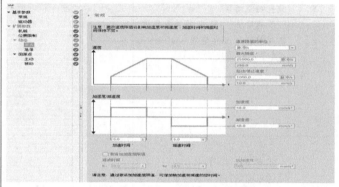 |
|  | 扩展参数——动态——急停<br>①最大转速：与"常规"中的"最大转速"一致<br>②起动/停止速度：与"常规"中的"启动/停止速度"一致<br>③紧急减速度：设置急停速度<br>④急停减速时间：如果先设定了紧急减速度，则紧急减速时间由软件自动计算生成。也可以先设定紧急减速时间，则紧急减速度由系统自行计算 | 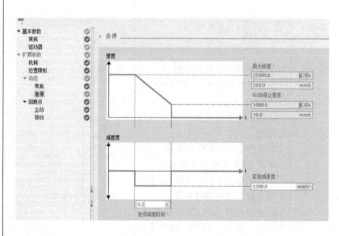 |

（续）

| 序号 | 操作说明 | 组态界面 |
|---|---|---|
| 6 | 扩展参数——回原点——主动<br>①输入原点开关：设置原点开关的 DI 输入点<br>②选择电平：选择原点开关的有效电平是高电平还是低电平<br>③允许硬限位开关处自动反转：轴若在一个方向没有找到原点，可以自动向反方向寻找原点<br>④逼近/回原点方向：寻找原点的起始方向，如右栏图1所示，轴可向"正方向"或"负方向"开始寻找原点<br>⑤逼近速度：轴以"逼近速度"运行来寻找原点开关<br>⑥参考开关一侧："上侧"是指轴完成回原点指令后（右栏图2），正方向移动时，以轴的左边沿停在参考点开关右侧边沿。"下侧"是指轴完成回原点指令后，以轴的右边沿停在参考点开关左侧边沿<br>⑦回原点速度：当触发了 MC Home 指令后，轴以"逼近速度"运行来寻找原点开关。当轴碰到原点开关的有效边沿后，轴从"逼近速度"切换到"回原点速度"，最终完成原点定位。"回原点速度"要小于"逼近速度"<br>⑧起始位置偏移量：该值不为零时，轴会在距离原点开关一段距离把该位置标记为原点位置值。该值为零时，轴会停在原点开关边沿处<br>⑨参考点位置：该值就是⑧中的原点位置值 | 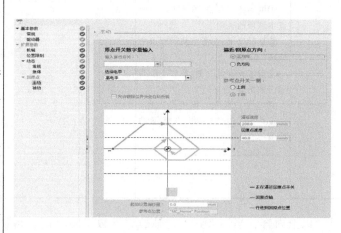<br><br><br><br>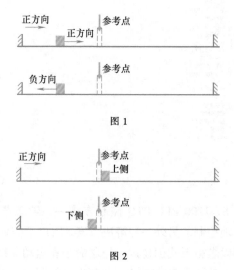<br>图1<br><br>图2 |

（续）

| 序号 | 操作说明 | 组态界面 |
|---|---|---|
| 6 | 扩展参数——回原点——被动<br>①输入原点开关：参考主动回原点中该项的说明<br>②选择电平：参考主动回原点中该项的说明<br>③参考点开关一侧：参考主动回原点中的⑤<br>④参考点位置：该值是"MC_Home"指令中"Position"管脚的数值 | 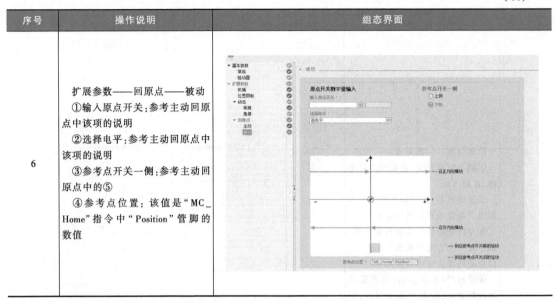 |

以上内容，当切换到工艺轴的"参数视图"时，可以看到轴工艺对象所有参数的名称、起始值、最大值、最小值和注释，如图5-25所示。

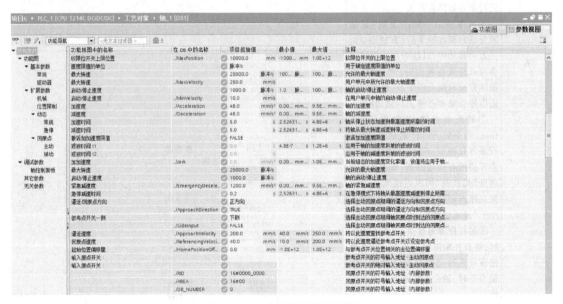

图5-25  工艺轴参数视图界面

（2）S7-1200 PLC PTO控制方式——轴工艺对象：TO_CommandTable  命令表功能为用户提供了轴控制的另外一种解决方案。用户不需要组态TO_PositioningAxis对象，而直接使用命令表，即以表格形式创建运动控制命令和运动曲线。目前只有S7-1200 PLC PTO控制方式可以使用命令表功能，PROFIdrive和模拟量控制方式都不支持命令表功能。轴有一个或多个固定运行路径的应用情况下可以使用命令表。使用组态命令表，可让轴按照设定好的曲线路径运行。

"基本参数"包括"常规"和"命令表"两个部分。"扩展参数"包括"扩展参数"

"动态"和"限值"三个部分,如图 5-26 所示。

图 5-26　命令表界面

### 2. S7-1200 PLC PTO 控制方式——调试面板

调试面板是 S7-1200 PLC 运动控制中一个很重要的工具,用户在组态了 S7-1200 PLC 运动控制并把实际的硬件设备搭建好之后,可使用"轴控制面板"功能来测试 Portal 组态中设置轴的参数和实际硬件设备的接线是否正确,详见表 5-8。

表 5-8　S7-1200 PLC PTO 控制面板调试步骤

| 序号 | 操作说明 | 操作界面 |
|---|---|---|
| 1 | 每个 TO_PositioningAxis 工艺对象都有一个"调试"选项,单击后可以打开"轴控制面板" | |
| 2 | 当用户准备激活控制面板时,Portal 软件会提示用户:使用该功能会让实际设备运行,务必注意人员及设备安全。 | |

（续）

| 序号 | 操作说明 | 操作界面 |
|---|---|---|
| 3 | 当激活了"轴控制面板"并且正确连接到 S7-1200 PLC CPU 后,用户就可以用控制面板对轴进行测试:<br>①轴的启用和禁用:相当于 MC_Power 指令的"Enable"端<br>②命令:分点动、定位和回原点三类<br>③设置运行速度、加/减速度、距离等参数<br>④正/反方向、停止等操作<br>⑤轴的状态位,是否有回原点完成位<br>⑥错误确认按钮,相当于 MC_Reset 指令的功能<br>⑦轴的当前值,包括轴的实时位置和速度值 | |
| 4 | 以 Mode 0(绝对式回原点)为例说明控制面板的使用:<br>①选择命令模式为"回原点"<br>②设置轴的当前位置值<br>③单击"设置回原点位置"按钮<br>④轴的实际位置直接更新成参考点位置,如右栏图所示 | |

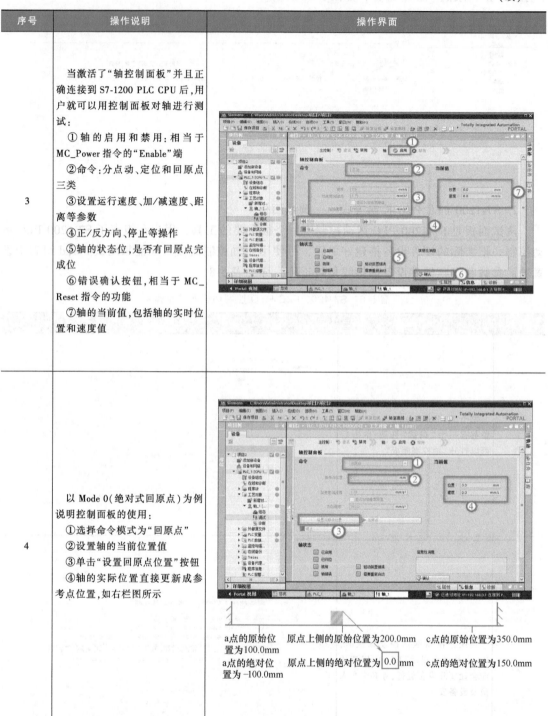

a点的原始位置为100.0mm  原点上侧的原始位置为200.0mm  c点的原始位置为350.0mm

a点的绝对位置为−100.0mm  原点上侧的绝对位置为 0.0 mm  c点的绝对位置为150.0mm

## 3. 运行诊断

运用"轴调试面板"进行调试时,可能会遇到轴报错的情况,用户可以参考"诊断"信息来确定报错原因,以便纠正。图 5-27 所示为轴诊断界面图例。

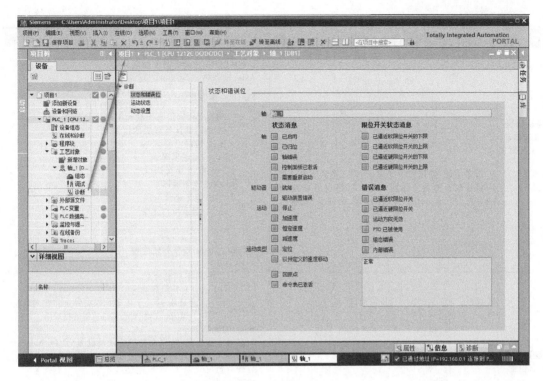

图 5-27  轴诊断界面图例

## 三、运动控制指令

通过"轴调试面板"测试成功后，用户就可以根据工艺要求，编写运动控制程序实现轴自动控制。S7-1200 PLC 的运动控制指令功能非常强大，指令功能见表 5-9，将组态参数与相关的运动指令配合使用，共同实现伺服电动机的绝对位置、相对位置、点动、转速控制以及回零点等功能。

运动控制指令

表 5-9  运动控制指令功能说明

| 指令名称 | 指令格式 | 引脚功能 |
|---|---|---|
| 启用/禁用轴 | %DB2<br>"MC_Power_DB"<br><br>MC_Power<br>EN　　　　ENO<br>Axis　　　Status<br>Enable　　Error<br>StartMode<br>StopMode<br><br>指令功能：使用或禁用轴，在其他运动指令使用前应被调用并使能，并在启用或禁用轴之前，应确保已正确组态工艺对象，没有未决的启用-禁止错误 | EN：MC_Power 指令的使能端<br>Axis：轴名称<br>Enable：使能轴 $\begin{cases} \text{True：启用轴} \\ \text{False：禁用轴} \end{cases}$<br>Stopmode：停止模式 $\begin{cases} \text{0：紧急停止，轴按组态的急停速度制动} \\ \text{1：立即停止，驱动器停止脉冲输出} \\ \text{2：带有加速度变化的紧急停止} \end{cases}$<br>Status：轴使能状态位 $\begin{cases} \text{True：轴启用状态} \\ \text{False：轴被禁用状态} \end{cases}$<br>Error：指令是否出错 $\begin{cases} \text{True：命令执行出错} \\ \text{False：命令执行正常} \end{cases}$ |

| 指令名称 | 指令格式 | 引脚功能 |
|---|---|---|
| 确认错误，重新启动轴工艺对象 | 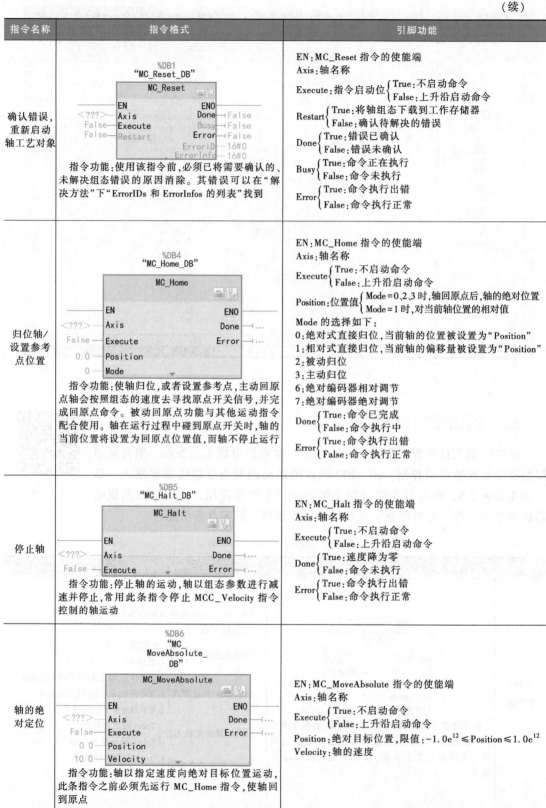 | EN：MC_Reset 指令的使能端<br>Axis：轴名称<br>Execute：指令启动位 { True：不启动命令 / False：上升沿启动命令 }<br>Restart { True：将轴组态下载到工作存储器 / False：确认待解决的错误 }<br>Done { True：错误已确认 / False：错误未确认 }<br>Busy { True：命令正在执行 / False：命令未执行 }<br>Error { True：命令执行出错 / False：命令执行正常 } |
| 归位轴/设置参考点位置 | | EN：MC_Home 指令的使能端<br>Axis：轴名称<br>Execute { True：不启动命令 / False：上升沿启动命令 }<br>Position：位置值 { Mode=0、2、3 时，轴回原点后，轴的绝对位置 / Mode=1 时，对当前轴位置的相对值 }<br>Mode 的选择如下：<br>0：绝对式直接归位，当前轴的位置被设置为"Position"<br>1：相对式直接归位，当前轴的偏移量被设置为"Position"<br>2：被动归位<br>3：主动归位<br>6：绝对编码器相对调节<br>7：绝对编码器绝对调节<br>Done { True：命令已完成 / False：命令执行中 }<br>Error { True：命令执行出错 / False：命令执行正常 } |
| 停止轴 | | EN：MC_Halt 指令的使能端<br>Axis：轴名称<br>Execute { True：不启动命令 / False：上升沿启动命令 }<br>Done { True：速度降为零 / False：命令未执行 }<br>Error { True：命令执行出错 / False：命令执行正常 } |
| 轴的绝对定位 | | EN：MC_MoveAbsolute 指令的使能端<br>Axis：轴名称<br>Execute { True：不启动命令 / False：上升沿启动命令 }<br>Position：绝对目标位置，限值：$-1.0e^{12} \leqslant Position \leqslant 1.0e^{12}$<br>Velocity：轴的速度 |

指令功能（确认错误）：使用该指令前，必须已将需要确认的、未解决组态错误的原因消除。其错误可以在"解决方法"下"ErrorIDs 和 ErrorInfos 的列表"找到

指令功能（归位轴）：使轴归位，或者设置参考点，主动回原点轴会按照组态的速度去寻找原点开关信号，并完成回原点命令。被动回原点功能与其他运动指令配合使用。轴在运行过程中碰到原点开关时，轴的当前位置将设置为回原点位置值，而轴不停止运行

指令功能（停止轴）：停止轴的运动，轴以组态参数进行减速并停止，常用此条指令停止 MCC_Velocity 指令控制的轴运动

指令功能（轴的绝对定位）：轴以指定速度向绝对目标位置运动，此条指令之前必须先运行 MC_Home 指令，使轴回到原点

（续）

| 指令名称 | 指令格式 | 引脚功能 |
|---|---|---|
| 轴的相对定位 | %DB7<br>"MC_MoveRelative_DB"<br><br>MC_MoveRelative<br>EN　　　　ENO<br><???>　Axis　　Done<br>False　Execute　Error<br>0.0　Distance<br>10.0　Velocity<br><br>指令功能：轴以指定速度在轴当前位置移动一个相对距离 | EN：MC_MoveRelative 指令的使能端<br>Axis：轴名称<br>Execute $\begin{cases} True：不启动命令 \\ False：上升沿启动命令 \end{cases}$<br>Distance：相对轴当下移动的距离<br>限值：$-1.0e^{12} \leq Position \leq 1.0e^{12}$<br>Velocity：轴的速度 |
| 以设定速度移动轴 | %DB8<br>"MC_MoveVelocity_DB"<br><br>MC_MoveVelocity<br>EN　　　　ENO<br><???>　Axis　　InVelocity<br>False　Execute　Error<br>10.0　Velocity<br>False　Current<br><br>指令功能：轴以指定速度移动。使用 MC_MoveVelocity 指令前，必须先启用轴 | EN：MC_MoveVelocity 指令的使能端<br>Axis-轴工艺对象<br>Execute $\begin{cases} True：不启动命令 \\ False：上升沿启动命令 \end{cases}$<br>Velocity：指定轴的运动速度<br>Current $\begin{cases} True：保持当前速度已启用 \\ False：保持当前速度已禁用 \end{cases}$<br>InVelocity $\begin{cases} True："Current=False"时，轴以指定速度运行 \\ False："Current=True"时，轴以当前速度运行 \end{cases}$ |
| 以"点动模式"移动轴 | %DB9<br>"MC_MoveJog_DB"<br><br>MC_MoveJog<br>EN　　　　ENO<br><???>　Axis　　InVelocity<br>False　JogForward　Error<br>False　JogBackward<br>10.0　Velocity<br><br>指令功能：轴以指定速度进行点动 | EN：MC_Move Jog 指令的使能端<br>Axis：轴名称<br>Velocity：指定轴的运动速度<br>JogForward-True：轴按预设定速度正向移动<br>JogBackward-Fslse：轴按预设定速度反向移动<br>InVelocity：True，轴达到预设定速度 |

# 四、运动指令使用举例

## 1. MC_Power 指令

MC_Power 指令是轴运动控制前必用的指令，如图 5-28 所示的例程，轴_1 在"Enable"

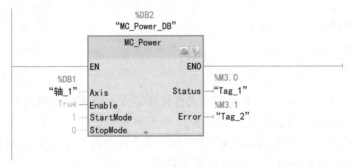

图 5-28　MC_Power 指令应用

信号设置为"true"时，PLC以组态参数驱动轴_1，若"Enable"为"false"，"轴_1以"Stopmode"定义模式停止运行，例程"Stopmode"为0，轴_1按急停方式停止。

2. MC_Reset指令

轴_1运行中有错误，已纠正并需要确认，如图5-29所示，在指令"Execute"端子上升沿触发时，运用MC_Reset指令可以实现复位。

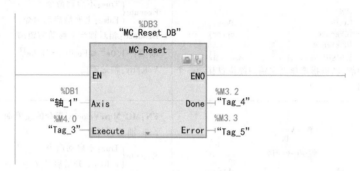

图5-29　MC_Reset指令应用

3. 回原点

1) 如图5-30所示，Mode = 0为绝对式直接回零点，将轴_1当前的位置值设置为参数"Position"的值，该模式下的MC_Home指令被触发后轴_1并不运行，指令执行后的结果是：轴_1的坐标点直接更新为新的坐标点，新的坐标就是MC_Home指令的"Position"引脚的数值。例程中，"Position" = 0.0mm，则轴_1的当前坐标值也就更新成了0.0mm，即重新建立了新的参考点。

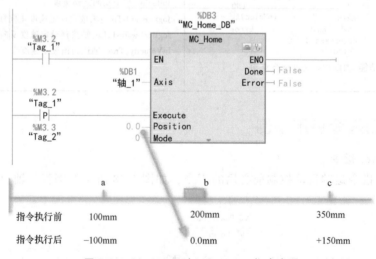

图5-30　Mode = 0时MC_Home指令应用

2) 如图5-31所示，Mode = 1为相对式直接回零点，以该模式触发MC_Home指令后轴并不运行，只是更新轴的当前位置。如图5-31所示例程中，指令运行的结果是在轴_1在原位置坐标值的基础上加上"Position"数值作为轴当前位置的坐标新值，即轴_1的坐标值变成了210mm，a和c点的坐标值也相应更新成新值。

3) 如图5-32所示，Mode = 3为主动回零点，当"Execute"端子上升沿触发时，轴_1

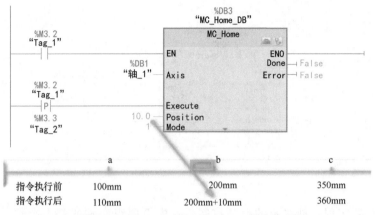

图 5-31  Mode＝1 时 MC_Home 指令应用

主动回到组态定义的参考点，指令执行完毕后，"Done"信号为 1。

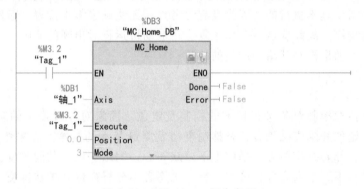

图 5-32  MC_Home 指令应用 1

4. 轴_1 的相对运动

如图 5-33 所示，运行 MC_Home 指令后，当"Execute"端子上升沿触发时，轴_1 以"Velocity"设定的速度运动到距离当前位置"Distance"设定的 36mm 处。

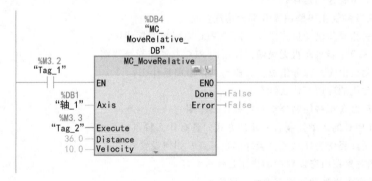

图 5-33  MC_Home 指令应用 2

5. 轴_1 的绝对运动

如图 5-34 所示，先运行 MC_Home 指令，使轴回到原点，当"Execute"端子上升沿触发时，轴_1 以"Velocity"设定的速度运动到"Position"设定的 16mm 绝对位置处。

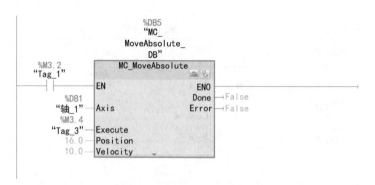

图 5-34 MC_Home 指令应用 3

总之，PLC 要实现对轴对象的运动控制，首先需要组态轴的基本参数，调试轴运行无误后，然后设计运动控制程序：先调用"启用、禁用轴指令（MC_Power）"，使被控制轴被使能，然后根据控制需要调用轴相关的运动控制指令。注意：在没有执行恢复原点指令之前，绝对值控制指令是不执行的，因为没有参考点，无法确定零点位置。暂停指令常用于电动机在运动时的暂停。故障确认指令用于复位在电动机运行时出现的故障，比如位置移动到限位点的位置、电动机没有就绪等产生的故障。

### 春风细语

运动控制是指对控制对象进行精准的控制及定位。国家对新冠疫情的防护工作亦是如此，及时发现、定位并隔离感染者，是抑制疫情发展最基本的措施。在来势汹汹的疫情前，党中央英明领导，部署抗疫措施，举国上下万众一心，团结一致，共同抗疫，更有我们的医护人员冲锋在前，不顾个人安危，公安干警、志愿者不分昼夜地守护在抗疫一线，自发群众不顾严寒，服务各个社区……每个人在这场战役中都努力贡献自己的一份力量，配合国家做好疫情防控工作，体现了中华民族崇高的精神品质，坚定了我们打赢这场特殊战役的信心。

### 习题与思考

5-1 变频器的主要作用是什么？

5-2 交-直-交变频器主电路由哪几部分构成？

5-3 试设计三相异步电动机三段速控制的 PLC 电气控制接线图。

5-4 试设计三相异步电动机无级调速控制的 PLC 电气控制接线图。

5-5 步进电动机由哪几部分组成？其驱动工作原理是什么？

5-6 步进电动机的应用有什么特点？

5-7 伺服驱动器有哪些控制环节？各有什么作用？

5-8 S7-1200 PLC 的运动控制有哪几种方式？各有什么特点？

5-9 运动控制过程中为什么要设置外部参考点？如何设置？

5-10 轴工艺对象在组态设置中的作用是什么？

5-11 主动回原点与被动回原点有什么区别？

5-12 轴工艺对象组态的主要内容有哪些？

5-13 软限位和硬限位的区别是什么？

5-14 伺服电动机的轴通过连接器带动丝杠转动，丝杠的螺距为 4mm，PLC 采用 PTO（脉冲 A+方向 B）的方式，转一周需要 2000 个脉冲。试在 Portal 软件中完成轴工艺对象的组态。

# 第六章 S7-1200 PLC 的过程控制
## CHAPTER 6

**知识目标**：熟悉过程控制系统的应用特点，理解 PID 控制算法以及控制器比例、积分和微分环节的不同调节功能，学会运用 PLC 实现 PID 过程控制的方法及步骤。

**能力目标**：具有 PID 控制系统的硬件设计、程序设计能力，具备 PID 控制系统运行调试的应用能力。

在工业自动化生产过程中，在生产装置或设备中通常进行着物质和能量的相互作用和转换过程，例如锅炉中蒸汽的产生、分馏塔中原油的分离等。由于生产工艺、产品质量及能耗等的要求，通常需要对生产过程中的某些参数（如温度、压力、流量、液位、成分和浓度等）进行恒值控制。过程控制系统是以生产过程变化的参数为被控制量，使之保持在给定值或给定范围内的自动连续控制系统。本章以 S7-1200 PLC 为控制器，介绍 PID 过程控制系统的工作原理以及系统应用设计的方法与步骤。

# 第一节　数字 PID 控制器

**学习目标**：理解数字 PID 控制器的工作原理、功能特点及实现方法，掌握 PID 控制器比例、积分和微分控制环节的作用。

在过程控制系统中，PID 控制是广泛应用的基本控制算法，PID 控制器主要适用于线性、动态特性不随时间变化的系统，具有结构典型、参数整定方便、结构灵活及可靠性好等特点。

在连续控制系统中，控制器最常用的控制规律就是 PID 控制，控制器是由比例 P、积分 I 和微分 D 三个环节组成，数学表达式为

$$u(t) = K_P \left[ e(t) + \frac{1}{T_I} \int_0^t e(\tau) \mathrm{d}\tau + T_D \frac{\mathrm{d}e(t)}{\mathrm{d}t} \right] \tag{6-1}$$

式中　$e(t)$——调节器输入函数，即给定量与输出量的偏差；

$u(t)$——调节器输出函数；

$K_P$——比例系数；

$T_I$——积分时间常数；

$T_D$——微分时间常数。

通过调节 PID 3 个单元的增益 $K_P$、$T_I$、$T_D$ 等参数，可以改变控制器的特性。比例、积分和微分 3 个环节的控制作用如下：

1）比例环节：调节比例系数 $K_P$ 能加快系统的响应速度，较快地克服扰动的影响，输出值与偏差 $e(t)$ 成正比，系统动态误差减小，但静态误差会增大。过大的比例系数 $K_P$ 会使系统超调，并引起振荡。

2）积分环节：积分项的作用是对稳定后有累计误差的系统进行误差修正，减小静态误差。时间常数 $T_I$ 越小，积分作用越强。系统目标值没有误差时，该项为零，积分作用停止。

3）微分环节：微分项反映了误差的变化率，预见系统参数的变化趋势，具有超前调节、减小超调、抑制振荡以及减小动态误差的作用，从而提高系统的稳定性，适当的微分环节还可以有效地减小系统的调节时间。

在式（6-1）中，调节器的输入函数及输出函数均为模拟量，计算机是无法对其进行直接运算的。为此，必须将连续形式的微分方程转化成离散形式的差分方程，即

$$\int_0^t e(t)\,\mathrm{d}t = \sum_{i=0}^k e_i T \tag{6-2}$$

$$\frac{\mathrm{d}e(t)}{\mathrm{d}t} = \frac{e(k)-e(k-1)}{T} \tag{6-3}$$

取 $T$ 为采样周期，$k$ 为采样序号（$k=0$，1，2，…，$i$），因采样周期 $T$ 相对于信号变化周期是很小的，所以用矩形法计算面积，用差分代替微分，得到离散系统控制规律的表达式：

$$u(k) = K_P\left[e(k) + \frac{1}{T_I}\sum_{i=0}^k e_i T + T_D\frac{e(k)-e(k-1)}{T}\right] \tag{6-4}$$

式中　$u(k)$——$k$ 时刻采样的输出值；

　　　$e(k)$——$k$ 时刻采样的偏差值；

$e(k-1)$——$k-1$ 时刻采样的偏差值。

为方便计算机进行运算，式（6-4）进一步整理为

$$M_n = K_c(SP_n - PV_n) + K_c(T_s/T_I)(SP_n - PV_n) + M_x + K_c(T_D/T_s)(PV_{n-1} - PV_n) \tag{6-5}$$

式中　$M_n$——$n$ 时刻采样的控制输出量；

　　　$M_x$——$n-1$ 时刻采样的积分项；

　　$SP_n$——$n$ 时刻采样的给定值；

　　$PV_n$——$n$ 时刻采样过程变量实际值；

$PV_{n-1}$——$n-1$ 时刻采样过程变量实际值；

　　　$K_c$——增益系数；

　　　$T_I$——积分时间常数；

　　　$T_D$——微分时间常数；

　　　$T_s$——采样周期。

图 6-1 所示为数字 PID 控制的基本结构，其中 PID 调节器的主要功能就是完成式（6-5）

的运算。

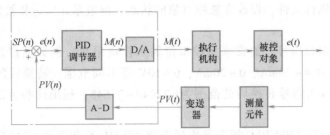

图 6-1　数字 PID 控制结构示意图

PID 控制首先给被控对象一个设定目标值 $SP(n)$，然后通过测量元件将过程值测量 $PV(n)$ 与设定值进行比较，将其差值 $e(n)$ 送入 PID 控制器进行 PID 运算，得出输出结果 $M(n)$，经过 D-A 转换后，送到执行机构进行调节，使被控对象追随并达到设定目标值，控制系统趋于稳定。

# 第二节　S7-1200 PLC 的 PID 控制

**学习目标**：熟悉 S7-1200 PLC 的组成，掌握 PID 指令块的基本功能及应用方法。

自动化控制现场通常采用 PID 闭环控制系统来监视和控制温度、压力和流量等连续变化的模拟量，现场监控数据较多，往往需要多回路的控制系统。S7-1200 PLC 提供的 PID 控制器回路数量与 CPU 的工作内存及其支持的 DB 数量有关，通常可提供 16 路 PID 回路，并且可实现多回路同时控制，可采用手动调试 PID 参数或自整定功能调试参数。TIA Portal 编辑软件还提供了调试面板，可以直接观察控制器参数的变化趋势及被控对象的实时状态。

## 一、PID 闭环控制系统

PID 闭环控制系统结构图如图 6-2 所示。PID 控制器外部需要电气元器件完成相应的输出执行、测量反馈信号的功能。PID 闭环控制系统一般由控制器、执行机构，被控对象和测量单元 4 个部分构成。

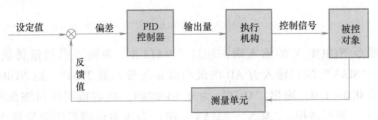

图 6-2　PID 闭环控制系统结构图

PID 控制系统对过程变量进行监控，反馈信号通过测量单元（如压力传感器、温度变送器等）采集后，通过模拟量通道输入控制器内部，并转换为 16 位二进制数字信号 AD，存储在规定的存储单元中，提供 PID 程序运行所需的过程数据，PLC 在内部运行 PID 算式，输出控制量作用于执行元件，以改变被控对象的状态，测量单元实时将被监控的过程值反馈到控制器。

过程变量为模拟量信号，通常采用模拟量输入模块采集。例如模拟量输入模块 SM123 的单极性输入信号为 4~20mA、0~20mA、0~10V 等不同范围，转换后的数字信号范围为 0~27648，双极性输入信号转换后的范围为 -27648~27648；超出这些范围则视为下溢和上溢情况。

如图 6-3 所示，S7-1200 PLC 指令采用标准化 NORM_X 和缩放 SCALE_X 两个指令对采样过程变量进行处理。先将转换数据 NORM_X 归一化到 0.0~1.0 的范围，再通过 SCALE_X 指令转化为现场实际工程量，输出端可以实时观察到实际值。注意：SCALE_X 指令的输入端为外部传感器测量的最大值、最小值。

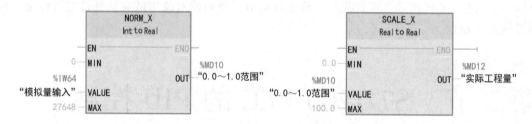

图 6-3　NORM_X 和 SCALE_X 指令

将标准 0~20mA 模拟量输入信号对应 0~80MPa 压力的量程换算例程如图 6-4 所示。

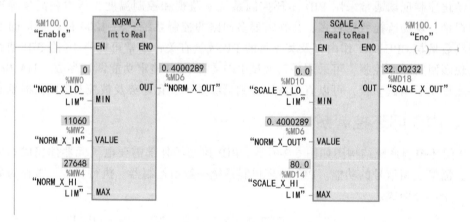

图 6-4　NORM_X 和 SCALE_X 指令应用举例

在标准化指令 NORM_X 的输入端，端口"VALUE"为输入模拟量转换的结果 AD 值 11060，"MIN""MAX"端口输入为 AD 的最小值 0 与最大值 27648，经 NORM_X 标准化指令转换后范围为 0.0~1.0，输出"OUT"为 0.4000289，此数值再经过缩放指令 SCALE_X 的端口"VALUE"进行转换，"MIN""MAX"端口为压力传感器的测量最小值 0MPa 与最大值 80MPa，SCALE_X 指令端口"OUT"可得到实际的工程量 32.00230MPa。

注意：NORM_X 指令的输入信号"VALUE"为 PID 指令块输入参数 INPUTE（模拟量），而 SCALE_X 指令的输出信号"OUT"为 PID 指令的输入参数 Input-PER（工程量）。

## 二、S7-1200 PID 控制器的结构

如图 6-5 所示，S7-1200 的 PID 控制器主要由循环组织块、PID 功能块和 PID 工艺对象数据块组成。在实际应用中，PID 控制程序需在循环中断组织块（OB）中设计，该循环中断块按一定周期产生中断，调用 PID 功能块。

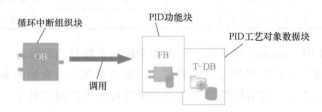

图 6-5　S7-1200 的 PID 控制器结构图

PID 功能块是一个工艺对象，定义了 PID 控制器的控制算法，随着循环中断块产生中断而周期性执行，从而实现 PID 控制功能。PID 控制运算过程中，控制系统的输入、输出参数和调试参数等均存储在 PID 工艺对象数据块（DB）中。

### 1. 循环中断 OB

在循环中断 OB 中，设计 PID 控制程序，循环中断 OB 的中断优先级较高，可以定时中断其他组织块的程序，执行 OB，并调用 PID 功能块。

PID 功能块的执行周期由 OB 的循环周期决定，为保障 PID 控制指令的每次数据采样、PID 运算及输出量控制的有效性及控制实际效率，OB 中断执行的循环周期可以依据不同系统控制的实际需要进行设定。

### 2. PID 功能块

PID 功能块的作用是完成控制器 PID 控制算法，依据运算结果得出输出量。S7-1200 PLC 所支持的 PID 控制有一个指令集，包含如下 3 个 PID 指令块：

1）PID_Compact 指令用于通过连续输入变量和输出变量控制的工艺过程。

2）PID_3Step 指令用于控制电动机驱动的设备，例如需要通过离散信号实现打开和关闭动作的阀门。

3）PID_Temp 指令提供了一个通用的 PID 控制器，可用于处理温度控制的特定需求。

### 3. PID 工艺对象 DB

PID 工艺对象 DB 提供了 PID 功能块内部运算的过程数据、参数，可实现输入/输出定义、实际值计算、输入监控以及调试数据等功能。用户可以在项目树中 PLC 下的工艺对象中选中 PID_Compact，单击右键，选择"比较"——→"打开 DB 编辑器"命令查看数据。

## 三、PID_Compact 指令

PID_Compact 指令的 PID 控制运算为

$$y = K_P \left[ (bw-x) + \frac{1}{T_I s}(w-x) + \frac{T_D s}{a T_D s + 1}(cw-x) \right] \tag{6-6}$$

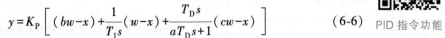

PID 指令功能

式（6-6）中的参数说明见表 6-1。

表 6-1　PID 运算参数表

| 参数 | 含义 | 参数 | 含义 |
|---|---|---|---|
| $y$ | 输出值 | $x$ | 过程值 |
| $w$ | 设定值 | $s$ | 拉普拉斯算子 |
| $K_P$ | 比例增量（P 分量） | $a$ | 微分延迟系数（D 分量） |
| $T_I$ | 积分作用时间（I 分量） | $b$ | 比例作用加权（P 分量） |
| $T_D$ | 微分作用时间（D 分量） | $c$ | 微分作用加权（D 分量） |

　　图 6-6 所示为 PID_Compact 指令块。PID 指令块的参数分为两部分：输入参数与输出参数。其指令块的视图分为扩展视图与集成视图。在集成视图中可看到的参数为最基本的默认参数，如给定值、反馈值和输出值等，定义这些参数可实现控制器最基本的控制功能。

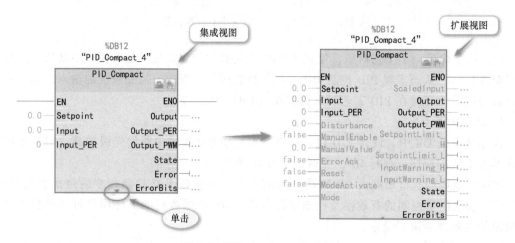

图 6-6　PID_Compact 指令块

　　在扩展视图中可看到更多的相关参数，如手自动切换、模式切换等。PID 功能块建立时自带背景 DB，外部信号分为输入/输出信号。PID_Compact 指令参数功能见表 6-2。

表 6-2　PID_Compact 指令参数功能表

| 信号来源 | 参数名称 | 数据类型 | 参数功能说明 |
|---|---|---|---|
| 输入信号 | Setpoint | Real | PID 控制器自动模式下的设定值 |
| | Input | Real | PID 控制器的过程值反馈，标定的工程量 |
| | Input_PER | Int | PID 控制器的过程值反馈，未标定的模拟量 |
| | Disturbance | Real | 扰动变量或预控制值 |
| | ManualEnable | Bool | 为"TRUE"时，切换到手动模式；由"TRUE"切换到"FALSE"时，PID_Compact 将保存在 Mode 参数中的工作模式 |
| | ManualValue | Real | 手动模式下的输出值 |
| | ErrorAck | Bool | 由"FALSE"变为"TRUE"时，错误确认，清除错误 |
| | Reset | Bool | 重新启动控制器 |
| | ModeActivate | Bool | 由"FALSE"变为"TRUE"时，PID_Compact 将保存在 Mode 参数中的工作模式 |
| | Mode | Int | 在 ModeActivate 上升沿激活，设定不同的工作模式：Mode＝0，未激活；Mode＝1，预调节；Mode＝2，精确调节；Mode＝3，自动模式；Mode＝4，手动模式 |

（续）

| 信号来源 | 参数名称 | 数据类型 | 参数功能说明 |
|---|---|---|---|
| 输出信号 | ScaledInput | Real | 标定的过程值 |
| | Output | Real | PID 控制器的输出值（工程量） |
| | Output_PER | Int | PID 控制器的输出值（模拟量） |
| | Output_PWM | Bool | PID 控制器的输出值（脉宽调制） |
| | SetpointLimit_H | Bool | 为"TRUE"时，设定值达到上限：Setpoint> = Config. SetpointUpperLimit |
| | SetpointLimit_L | Bool | 为"TRUE"时，设定值达下限：Setpoint = <Config. SetpointLpperLimit |
| | InputWarning_H | Bool | 过程值已达到或超过警告上限，报警信号为"TRUE" |
| | InputWarning_L | Bool | 过程值已达到或超过警告下限，报警信号为"TRUE" |
| | State | Int | 指定 PID_Compact 的工作模式：Mode = 0，未激活；Mode = 1，预调节；Mode = 2，精确调节；Mode = 3，自动模式；Mode = 4，手动模式；Mode = 5，带错误监视的输出代替值 |
| | Error | Bool | 为"TRUE"时，表示运算周期还有错误信息未解决 |
| | ErrorBits | DWord | 输出错误代码 |

PID_Compact 指令提供了自动和手动模式下具有自我调节功能的通用 PID 控制器。

PID 控制器连续采用被控制变量的实际测量值，并与期望的设定值进行比较，根据两者之间的误差，进行 PID 算法计算出输出量，使被控变量尽可能地接近设定值并进入稳态。控制系统目标设定值 Setpoint 可以由用户设定在内部存储器中存放。

指令引脚 ManualEnable 为手动操作使能端，若 ManualEnable 为 1，则输出量 $\Delta u$ 采用手动模式下 ManualValue 的值；若 ManualEnable 为 0，则输出量 $\Delta u$ 采用 PID 自动调节模式。

## 四、PID 控制器的调试

PID 控制器正常运行时，需要设置符合实际系统运行工艺要求的参数。而实际应用中，各类 PID 控制运行系统的差异很大，因此不同系统的运行调试参数也不相同。系统调试过程可以手动调试修改 PID 参数，也可使用系统提供的参数自整定功能，通过外部设定信号及系统的反馈信号、激励控制系统整定计算出优化的 PID 参数。

S7-1200 PID 控制器的调节模式有手动调节、预调节和精确调节。在调试过程中，可以通过调试面板直观地观察到系统变量的变化趋势以及控制对象的状态。

1. PID 调试面板功能

调试面板界面如图 6-7 所示。

1）调试窗口。"采样时间"用于设置所有显示数据的更新时间；调节模式可以选择"预调节"或"精确调节"来整定控制系统 PID 参数，按下"Start"按钮可启动自整定功能。

2）图形显示区。在这里可以观察到参数的实时变化，以蓝、绿、红三种不同颜色的曲线实时动态显示设定值 Setpoint、反馈值 Input 和输出值 Output 参数的变化趋势。

3）标尺：可更改趋势图中曲线的颜色和标尺的最大/最小值，从而改变趋势图的观察效果。

4）调节状态：可显示调节进度条、调节状态。当调节完成后，整定出的参数会实时更新至工艺对象数据块 PID 参数中。在 PID 参数选项中可以将系统整定优化的 PID 参数上传到项目进行查看。

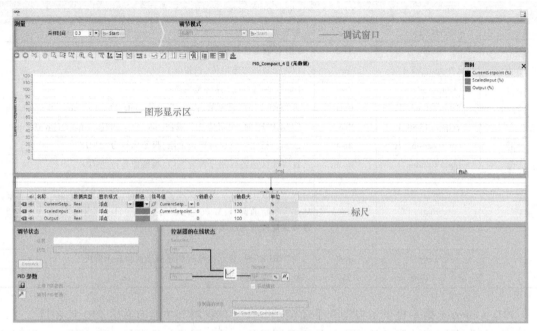

图 6-7　调试面板界面

5）控制器的在线状态：显示设定值、反馈值和输出值的当前值，并可以启动使能手动模式，还可以显示 PID 控制器的当前状态。

2. 自整定启动的条件

在控制系统调试过程中，可以采用手动调试或自整定功能。自整定启动的条件如下：

1）｜给定值-反馈值｜>0.3｜输入上限-输入下限｜

2）｜给定值-反馈值｜>0.3×给定值

3）指令块的"Manual Mode"为1，或"Inactive Mode"处于未激活模式。

# 第三节　PID 控制应用案例

**学习目标**：掌握 PID 控制组态的基本方法，学会 PID 控制系统接线设计、软件设计以及 PID 控制系统运行调试的方法。

本节以温度控制系统的 PID 控制为例，介绍采用 S7-1200 PLC 进行 PID 控制的方法与步骤。

控制任务描述：要求对加热电热盘的温度进行控制，温度设定值由用户实时设定，受控系统能及时跟进给定值的温度。温度控制系统项目设计如下。

1. 恒温控制系统硬件设计

系统硬件设计及电气接线图如图 6-8 所示。温度控制系统采用 CPU 1212C 型号 PLC 作为主控制器，执行器采用固态继电器，由此控制电热盘的加热。通过 Pt100 热电阻温度传感器测量电热盘的实际温度，并将测量结果经温度变送器转换，将 0 ~ 100℃ 的温度转换为 0 ~ 1V 的电压信号，输送到 PLC 的模拟量输入通道 AI0，PLC 输出端口 Q0.0 输出 PWM 脉冲信号用于控制固态继电器的输出信号。

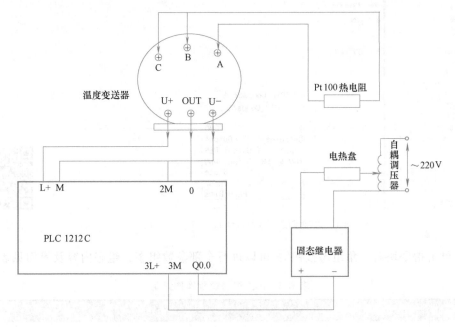

图 6-8   恒温控制电气接线图

### 2. TIA Portal 操作步骤

组态 PLC 的 CPU 主模块（必要时添加扩展模拟量输入模块），选择控制器为温度控制，模拟量输入通道的信号类型为电压型 0 ~ 1V。

1）打开 TIA Portal 软件创建新项目，命名为"电热盘恒温控制"，添加循环中断组织块（OB），如图 6-9 所示。设置其循环时间为 20ms。建立变量表，将项目设计值中使用的输入、输出等信号进行命名，并分配地址。

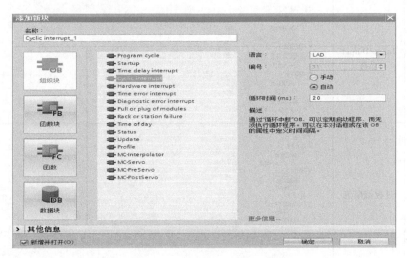

图 6-9   添加循环中断组织块

2）打开 OB，在"工艺"指令中添加 PID 指令——PID_Compact 指令块，如图 6-10 所示。

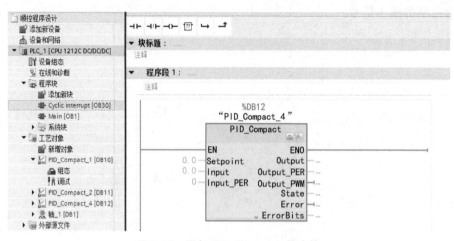

图 6-10 添加 PID_Compact 指令块

PID 组态

3）单击指令块右上角组态按钮 可以进行全部参数组态，组态内容及界面见表 6-3。

表 6-3 PID 组态设置操作说明

| 参数类型 | 组态内容 | 组态界面 |
|---|---|---|
| 基本参数 | 控制器类型 | |
| | Input/Output 参数 | |
| 过程值设置 | 过程值限值 | |

（续）

| 参数类型 | 组态内容 | 组态界面 |
|---|---|---|
| 过程值标定 | 过程值标定 | |
| 高级设置 | 过程值监视 | |
| | PWM 限制 | |
| | 输出值限值 | |
| | PID 参数 | |

4）进入 OB 编辑界面，将设置的相关参数 I0.6 地址信号、50.0 数值分别设置在 PID 控制指令块的"ManualEnable""ManualValue"端口，如图 6-11 所示。

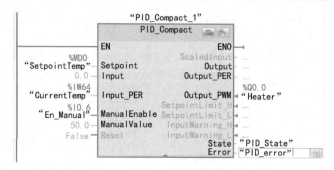

图 6-11　添加 PID 指令端口变量

注意：在项目树的 PLC 文件夹中选择工艺对象，选中 PID_Compact 功能块，单击鼠标右键打开 DB 编辑器可以查看其背景数据块，如图 6-12 所示。

| | | 名称 | 数据类型 | 启动值 | 保持 | 在 HMI ... |
|---|---|---|---|---|---|---|
| 30 | | sby_EsData_2 | Byte | B#16#0 | | |
| 31 | | si_TMCnt | Int | 0 | | |
| 32 | | si_Unit | Int | 0 | | ☑ |
| 33 | | si_Type | Int | 1 | | ☑ |
| 34 | | si_SveModeByRes | Int | 0 | | |
| 35 | | sd_Warning | DWord | DW#16#0000000C | | ☑ |
| 36 | | st_TMEnd | Time | T#0MS | | |
| 37 | | sr_TMDiff | Real | 0.0 | | |
| 38 | | sr_TMDiffMax | Real | 0.0 | | |
| 39 | | sr_TMDiffMaxMed | Real | 0.0 | | |
| 40 | | sr_TMDiffSum | Real | 0.0 | | |
| 41 | ▶ | sBackUp | Struct | | | ☑ |
| 42 | ▶ | sPid_Calc | Struct | | | ☑ |
| 43 | ▶ | sPid_Cmpt | Struct | | | ☑ |
| 44 | ▶ | sParamCalc | Struct | | | ☑ |
| 45 | ▶ | sRet | Struct | | ☑ | ☑ |

图 6-12　查看背景数据块

5）建立监控表：如图 6-13 所示，把系统运行的变量进行集中监控。其中变量"PID_Compact_1."ScaledInput 是过程值，已进行标定的温度数值，这样就可以直接监控当前温度。

| | i | 名称 | 地址 | 显示格式 | 监视值 | 修改值 | |
|---|---|---|---|---|---|---|---|
| 1 | | "En_Manual" | %I0.6 | 布尔型 | | | |
| 2 | | "SetpointTemp" | %MD0 | 浮点数 | | 80.0 | ☑ |
| 3 | | "PID_Compact_1".ScaledInput | | 浮点数 | | | |
| 4 | | "Heater" | %Q0.0 | 布尔型 | | | |
| 5 | | "PID_error" | %MD8 | 十六进制 | | | |
| 6 | | "PID_State" | %MW4 | 带符号十进制 | | | |
| 7 | | "PID_Compact_1".sRet.i_Mode | | 带符号十进制 | | 0 | ☑ |
| 8 | | "PID_Compact_1".sPid_Calc.i_CtrlTypeSUT | | 带符号十进制 | | | |
| 9 | | "PID_Compact_1".sPid_Calc.i_CtrlTypeTIR | | 带符号十进制 | | | |
| 10 | | <添加> | | | | | |

图 6-13　建立监控表

PID 温度控制

6) 在工具栏中单击 按钮保存项目。在项目树中选中项目，单击 按钮，编辑所有硬件和程序。单击 PLC 下载并启动，单击 监控按钮。

① 在手动模式下，"En_Manual"信号设置为"True"运行，加热器按"ManualValue"设置的 50% 的 PWM 输出工作。图 6-14 所示为手动模式下监控运行变量。

图 6-14　手动模式下监控运行变量

② 取消手动模式：将"En_Manual"信号设置为"FALSE"，设定温度 80℃，设置自动调节模式为 3，单击 按钮，PID 开始自动调节，加热器工作，直到温度达到设定值 80℃，图 6-15 所示为自动模式下监控运行变量。

图 6-15　自动模式下监控运行变量

3. PID 控制器运行调试

PID 控制过程可以在监控表中进行观察，也可以在调试面板中直观地监控调试过程。

1) 在项目树中，打开 PID 工艺对象，单击"调试"可以打开调试面板，或者在 PID 指令块右上角单击 按钮，设置采样时间为 0.3s，选择 PID 调节模式为"精确调节"，单击"Start"按钮开始调节，调节过程如图 6-16 所示。

2) 调节结束，画面显示结果如图 6-17 所示。

3) 单击"上传 PID 参数"，查看调整参数如图 6-18 所示。另外，通过 PID 工艺对象的 DB 块也可以查看 PID 参数，如图 6-19 所示。

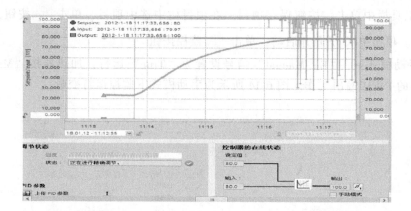

图 6-16　PID 控制过程

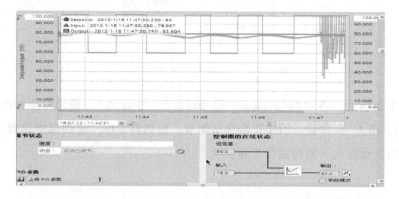

图 6-17　PID 调节结束

图 6-18　查看 PID 参数

4）调节后的 PID 参数是在 CPU 硬件运行的结果，系统显示工艺对象的数据与 PLC 数据不一致，需执行同步操作：在项目树中选中 PID 数据块，单击鼠标右键，选中"比较"，再单击"离线/在线"，如图 6-20 所示。选择"下载到设备"，并单击 按钮执行动作，如图 6-21 所示。

| PID_Compact_1 | | | | | |
|---|---|---|---|---|---|
| | 名称 | 数据类型 | 启动值 | 保持 | 在HMI... |
| 1 | ▼ Input | | | | |
| 2 | Setpoint | Real | 0.0 | | ☑ |
| 3 | Input | Real | 0.0 | | ☑ |
| 4 | Input_PER | Word | W#16#0 | | ☑ |
| 5 | ManualEnable | Bool | FALSE | | ☑ |
| 6 | ManualValue | Real | 0.0 | | ☑ |
| 7 | Reset | Bool | FALSE | | ☑ |
| 8 | Output | | | | |
| 9 | ScaledInput | Real | 0.0 | | ☑ |
| 10 | Output | Real | 0.0 | | ☑ |
| 11 | Output_PER | Word | W#16#0 | | ☑ |
| 12 | Output_PWM | Bool | FALSE | | ☑ |
| 13 | SetpointLimit_H | Bool | FALSE | | ☑ |
| 14 | SetpointLimit_L | Bool | FALSE | | ☑ |
| 15 | InputWarning_H | Bool | FALSE | | ☑ |
| 16 | InputWarning_L | Bool | FALSE | | ☑ |
| 17 | State | Int | 0 | | ☑ |
| 18 | Error | DWord | DW#16#0000000 | | ☑ |

图 6-19　通过 DB 查看 PID 参数

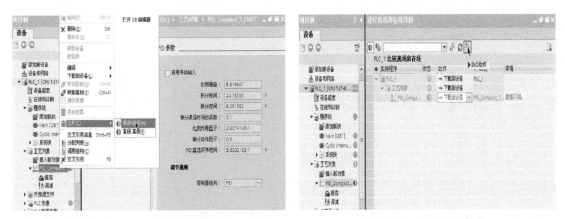

图 6-20　PID 参数比较操作　　　　图 6-21　同步执行操作

　　综上，PID 控制调试可以通过监控表、调试面板两种方式进行调试监控。在实际项目调试中，可依据项目的特点进行选择。

## 春风细语

　　PID 控制是自动化典型的过程控制方式，工程师应在实践应用中精益求精，不断地调整、优化和完善，使其控制系统的功能更加优良，从而实现精准的控制目标。人生之路很漫长，我们应努力为社会创造物质财富和精神财富，为国家、为人民、为社会做出贡献，实现个人价值和奋斗目标，在这一过程中，需要不断地完善自我、学习进步。古人况且能"吾日三省吾身"，新时代的我们更要积极践行，经常反省和思考自己是否在正确的人生道路上，是否偏离目标。山高有攀头，路远有奔头，相信在目标的引领下，我们的人生和事业必将更加精彩和辉煌。

## 习题与思考

6-1　什么是 PID 控制系统？PID 控制系统是开环控制还是闭环控制？

6-2　PID 控制系统由哪几个部分组成？各有什么作用？

6-3　试述 PID 控制系统的主要参数及其含义。

6-4　S7-1200 PID 控制器由哪几个部分组成？简述各部分之间关系。

6-5　S7-1200 PID 控制器提供的 3 个 PID 指令块有何不同的作用？

6-6　PID 指令块的功能是什么？

6-7　PID 指令块中的 Input 与 Input_PER 参数有什么区别？

6-8　标准化 NORM_X 和缩放 SCALE_X 指令的作用什么？

6-9　PID 指令块应设计在什么组织块中？为什么？

6-10　简述 PID 调试面板的基本功能。

6-11　PID 控制器的调节模式有哪些？

# 第七章 S7-1200 PLC 通信技术

**CHAPTER 7**

# S7-1200 PLC 通信技术

**知识目标**：熟悉 S7-1200 PLC 通信技术的特点、通信方法与步骤，了解 PLC 的抗干扰技术措施及运行维护检修流程。

**能力目标**：能实现 S7-1200 PLC 不同方式的通信，能进行 PLC 的日常维护与检修。

# 第一节　S7-1200 PLC 通信技术概述

**学习目标**：本节主要介绍 S7-1200 PLC 通信的类型、方式等基础知识。

## 一、PLC 通信的类型

PLC 与计算机、PLC 与外部设备以及 PLC 与 PLC 之间的信息交换称为 PLC 通信。PLC 与通信方共同遵守双方约定的通信协议、通信方式，进行信息的传输、处理交换等，即从一个 PLC 设备向另一个设备传输信息。在 PLC 控制系统中，设备之间的通信主要有以下 3 种类型：

1）PLC 与 PLC 之间的通信：主要用于 PLC 网络控制系统，通过通信连接可以使相互独立的 PLC 设备联系在一起，组成工业自动化系统的控制级，又称为 PLC 链接网。

2）PLC 与远程 I/O 之间的通信：通过串行通信的方式将 PLC 的 I/O 连接的范围进行延伸与扩展。这种通信线路的应用省略了 PLC 与远程 I/O 之间大量直接连接的电缆。

3）PLC 与其他设备之间的通信：PLC 通过通信接口与控制系统内部其他设备之间进行通信，如与上位机、变频器、伺服驱动器、HMI、温度自动控制与调节装置以及各种现场控制设备等的通信。

## 二、数据传输方式

1. 并行通信与串行通信

1）并行通信：所传输数据并行同时发送或接收，一个数据的每一位二进制位均采用单独的导线（电缆）进行传输，一个 $n$ 位二进制数需要 $n$ 根传输线。其特点是：传输速度快，常用于近距离的通信，远距离传输时通信线路复杂、成本高。

2）串行通信：所传输数据按顺序一位一位地串行发送或接收，即传输数据的每一个二进制位按照规定的顺序在同一根导线上依次进行发送与接收，因此仅需要一根导线将发送方与接收方进行连接即可实现通信。其特点是：相对于并行通信，串行通信存在传输速度慢、控制较复杂等缺点；但由于需要的电缆少，成本低，被广泛用于工业控制现场。

PLC 通信一般使用串行通信，如图 7-1 所示。

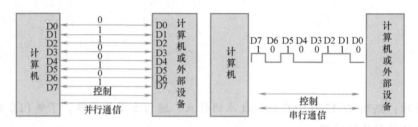

图 7-1　并行通信与串行通信

2. 串行通信的类型

1）异步通信：又称起止式传输。异步通信是把一个字符看作一个独立的信息单元，字符开始出现在数据流的相对时间是任意的，接收方并不知道它们什么时间发送。每次异步传输都有一个起始位，它通知接收方数据已经发送，给接收方响应、接收和缓冲数据位的时间；在数据传输结束时，一个停止位表示一次传输的终止。异步传输效率低，主要用于中低速数据通信。异步通信如图 7-2 所示。

2）同步通信：通信双方必须先建立同步，即双方的时钟要调整到同一个频率，收发双方不停地发送和接收连续的同步比特流，并有两种不同的同步方式：一种是使用全网同步，用一个非常精确的主时钟对全网所有结点上的时钟进行同步；另一种是使用准同步，各结点的时钟之间允许有微小的误差，然后采用其他措施实现同步传输。同步通信如图 7-3 所示。

图 7-2　异步通信　　　　　　　　　　　　　　　　图 7-3　同步通信

3. 串行通信的传输方式

图 7-4 所示为串行通信的传输方式，依据串行通信数据在通信双方之间的传输方向，可以分为以下 3 种传输方式：

1）单工：指数据只能实现单向传输的通信方式，一般只能用于数据的输出传送，不能进行数据的相互交换。

2）全双工：也称双工，是指数据可以实现双向传输的通信方式。采用双工通信，在同一时刻通信的双方均可以进行数据的发送和接收，数据交换的速度快，但在通信线路上需要独立的数据发送线和接收线，通常需要两对双绞线连接，经济成本较高。

3）半双工：是双向传输通信的一种，数据也可以实现双向传输，但在同一时刻通信的一方只能进行数据的发送或接收，发送与接收不能同时进行，数据相互交换的效率是双工的一半，故称为半双工。其优点是数据发送线与接收线可以共用，只需要一对双绞线连接，成本较低。

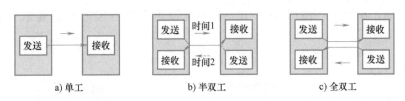

图 7-4  串行通信的传输方式

## 三、西门子 S7-1200 PLC 支持的通信协议

在 PLC 通信技术中，PC 与 PLC，PLC 与现场设备、远程 I/O 的通信以及开放式现场总线的通信广泛采用串行异步通信方式。西门子 PLC 支持以下通信协议：

1）PPI（Point to Point Interface，点到点接口）通信协议。

2）自由口通信协议。自由口通信协议是用户自己规定的协议，编程控制自由口（PORT0、PORT1）的串行通信。在自由口通信模式下，用户可以通过发送指令、接收指令、发送中断、接收中断来控制通信口的操作。

3）MPI（Multi Point Interface，多点接口）通信协议。MPI 通信协议是西门子公司开发的一种适用于小范围、近距离、少数站点间通信的网络协议。S7-1200 PLC 可以通过内置的 PPI 或 EM277 连接到 MPI 网络上，与 S7-300/400 进行 MPI 通信。

4）PROFIBUS 通信协议。PROFIBUS 通信协议是一种开放式现场总线系统，符合欧洲标准和国际标准。它的通信结构非常精简，传输速度很高且稳定，非常适合 PLC 与现场分散的 I/O 设备之间的通信。

5）PROFINET 通信协议。PROFINET 通信协议是西门子的工业以太网通信协议，符合 IEEE 802.3 国际标准，支持以太网和基于 TCP/IP 和 UDP 的通信标准。S7-1200 CPU 本体上集成了一个 PROFINET 通信接口，使用这个通信接口可以实现 S7-1200 CPU 与 HMI、PLC、PC 等设备之间的通信。

## 四、西门子 S7-1200 PLC 的通信方式

西门子 S7-1200 PLC 系列的 CPU 主机模块上集成有通信接口，还可以通过通信模块进行扩展通信功能。下面简要介绍其通信的种类和实现的方式。

1. 以太网通信

通过 CPU 本体上集成的以太网接口，可以实现以太网通信功能。S7-1200 PLC 的以太网通信主要有下列 3 种：

1）S7 通信，实现西门子系列 PLC 之间的通信。

2）开放式通信，包含 TCP 通信、ISO_ON_TCP 通信、UDP 通信和 Modbus TCP 通信等。其中，TCP 通信能通过 TCON、TSEND 及 TRCV 指令实现不同设备之间的数据交换。图 7-5

所示为开放式通信示意图。

3）PROFINET 通信，基于工业以太网建立了开放式自动化以太网标准，工业以太网设备更加稳定可靠，因此更适合工业环境。PROFINET 通信通过多个节点的并行数据传输使传输更高效。如图 7-6 所示，使用 TCP/IP 和 IT 标准可实现有实时控制要求的自动化应用场合。

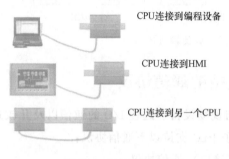

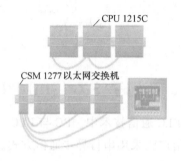

图 7-5　开放式通信　　　　　　图 7-6　PROFINET 通信

2. 通过扩展的通信模块能实现其他方式的通信

1）通过 CM1243-5 和 CM1242-5 能实现 PROFIBUS DP 的主从通信方式。

2）通过 CM1241 RS-422/485、CM1241 RS-232 或 CB1241 RS-485 能实现串口通信，主要包括 USS 通信、Modbus 通信和自由口通信等。

3. 通过扩展的分布式 I/O 能实现通信端口的扩展

（1）通过分布式 I/O-ET200MP 能实现对 PROFIBUS DP 通信接口的扩展。

（2）通过分布式 I/O-ET200SP 能实现对 PROFINET 通信接口的扩展。

# 第二节　S7-1200 PLC 的 S7 通信

**学习目标**：掌握 S7-1200 PLC S7 通信的特点及功能，掌握实现 S7 通信的操作方法。

S7-1200 PLC 与 S7-300/400/1200/1500 PLC 的通信可以采用多种通信方式，但是 S7 通信是最常用的，也是最简单的通信方式，它是专门为西门子产品优化设计的通信协议。

PLC 通信技术

S7 通信是通过客户端 PLC 使用远程读指令 GET 和远程写指令 PUT 实现的，可以单端组态和双端组态。单端组态指的是通信的两个 CPU 模块不在一个项目中，双端组态指的是建立通信的两个 CPU 模块在一个项目中。

【例 7-1】　采用 S7-1200 PLC 的 S7 通信实现两台 PLC 之间的相互控制功能。控制要求如下：PLC1 外接按钮控制 PLC2 外接的电动机，实现点动控制；PLC2 按钮控制 PLC1 的电动机点动。I/O 端口分配见表 7-1。

表 7-1  I/O 端口分配表

| 输入元件 | I/O 地址 | 输出元件 | I/O 地址 |
|---|---|---|---|
| PLC1 点动按钮 | I0.0 | 电动机 1 控制接触器 | Q0.0 |
| PLC2 点动按钮 | I0.1 | 电动机 2 控制接触器 | Q0.1 |

通信操作步骤见表 7-2。

表 7-2  通信操作步骤

| 序号 | 操作步骤 | 操作界面 |
|---|---|---|
| 1 | 硬件组态。新建一个项目,添加两个 S7-1200 PLC,PLC1 型号为 1215C,PLC2 型号为 1212C 型 | 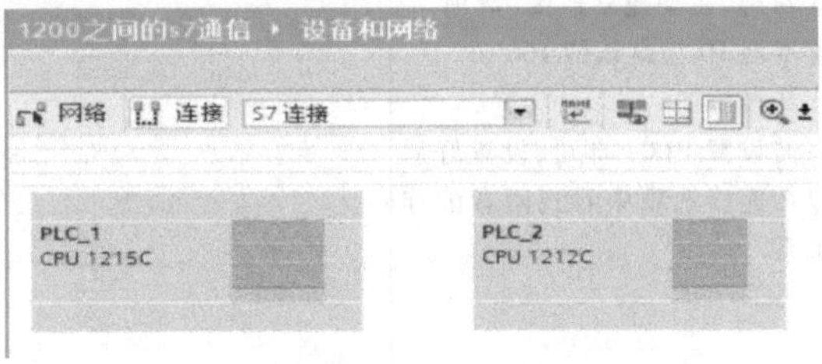 |
| 2 | 设置 IP 地址和子网掩码。设置 PLC1 IP 地址为 192.168.0.1,设置 PLC2 IP 地址为 192.168.0.2<br>注意:IP 地址不能冲突,要在一个网段内,理论上在 1~254 之间即可 | 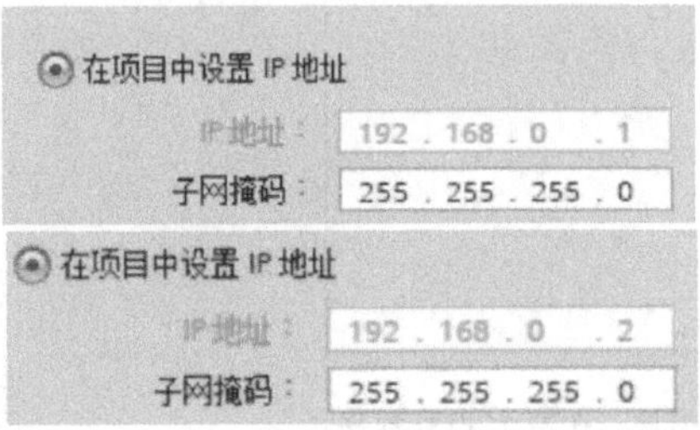 |
| 3 | 设置被访问允许:PLC 还需设置(勾选)"允许来自远程对象的 PUT/GET 通信访问"选项 |  |
| 4 | 创建 S7 连接,具体步骤如下:<br>①拖拽两个 PLC 的网口即可连上<br>②单击左上角的"连接",选择"S7 连接" | 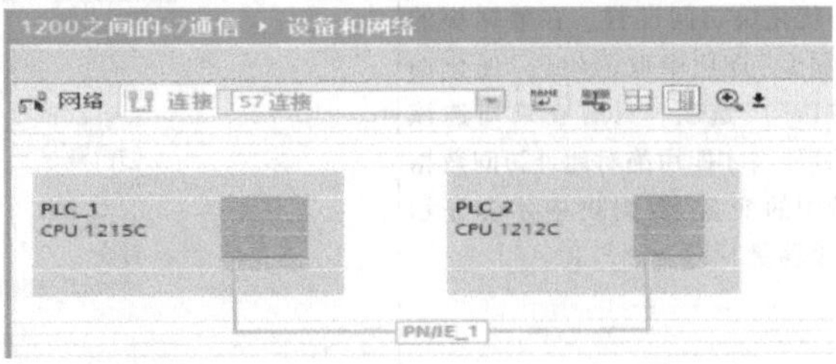 |

（续）

| 序号 | 操作步骤 | 操作界面 |
|------|----------|----------|
| 5 | 连接设置,具体步骤如下:<br>①选择"PLC",单击鼠标右键,选择"添加新连接"<br>②选择连接伙伴 PLC2<br>③勾选"主动建立连接"选项<br>④本地 ID 为默认值 100<br>⑤选择添加<br>只需设置 PLC1 即可,设置好后可以在连接选项中看到两者的连接关系 | |
| 6 | 建立数据块。在两个 PLC 程序块中创建两个数据块,进行数据交换 | |
| 7 | 优化块访问设置。在数据块的"属性"选项中取消勾选"优化的块访问"选项。只有在未勾选该选项时,才能用绝对地址访问数据块中的变量,数据块中才会显示"偏移量" | |

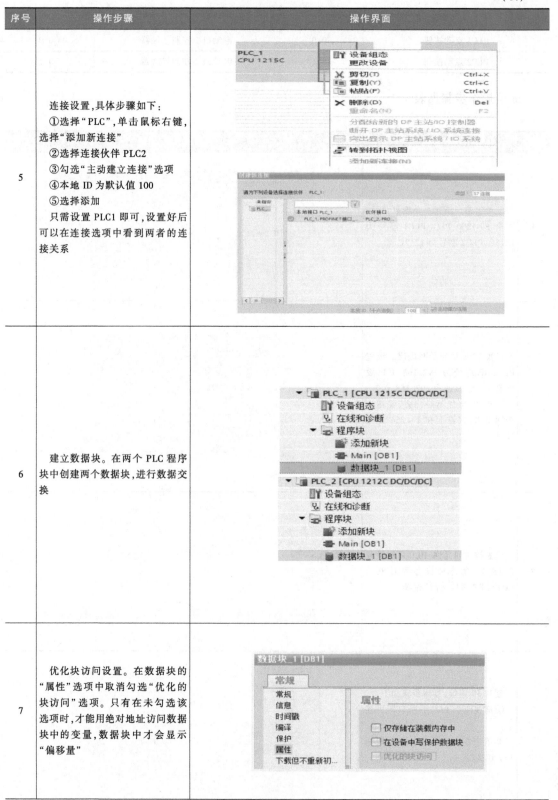

（续）

| 序号 | 操作步骤 | 操作界面 |
|------|----------|----------|
| 8 | 创建变量。在两个数据块当中分别建立两个变量 | <table><tr><td>名称</td><td>数据类型</td><td>偏移量</td></tr><tr><td>▼ Static</td><td></td><td></td></tr><tr><td>读远程</td><td>Int</td><td>0.0</td></tr><tr><td>写远程</td><td>Int</td><td>2.0</td></tr></table> <br> <table><tr><td>名称</td><td>数据类型</td><td>偏移量</td></tr><tr><td>▼ Static</td><td></td><td></td></tr><tr><td>发送数据</td><td>Int</td><td>0.0</td></tr><tr><td>接受数据</td><td>Int</td><td>2.0</td></tr></table> |
| 9 | 调用 GET、PUT 通信指令。在 S7 通信的 PLC1 OB1 中调用 GET 指令，读远程 PLC2 的。DB1 中的偏移地址是从 0.0 开始的 1 个整型数据。保存在本地 PLC1 的 DB1 中的偏移地址也是从 0.0 开始的 1 个整型数据。<br>　　调用 PUT 指令把本地 DB1 中的"写入远程"变量内容写入远程 PLC2 的 DB1 当中的"接收数据"变量当中<br>　　注意：单击指令，按 <F1> 键，可以了解指令各个引脚功能 | 程序段1：...<br>%DB2 "GET_DB" GET Remote-Variant<br>EN ENO<br>%M0.0 "Clock_10Hz" REQ　NDR %M10.0 "Tag_1"<br>W#16#100 ID　ERROR %M10.2 "Tag_2"<br>P#DB1.DBX0.0 INT1 ADDR_1　STATUS %MW12 "Tag_6"<br>P#DB1.DBX0.0 INT1 RD_1<br><br>程序段2：...<br>注释<br>%DB3 "PUT_DB" PUT Remote-Variant<br>EN ENO<br>%M0.0 "Clock_10Hz" REQ　DONE %M10.3 "Tag_4"<br>W#16#100 ID　ERROR %M10.4 "Tag_5"<br>P#DB1.DBX2.0 INT1 ADDR_1　STATUS %MW14 "Tag_7"<br>P#DB1.DBX2.0 INT1 SD_1 |
| 10 | 编写 1215C 中的 OB1 程序,实现控制功能 | 程序段3：...<br>注释<br>%I0.0 "客户机点动按钮"　　　%DB1.DBX2.0<br>——| |——————————————————————( )<br><br>程序段4：...<br>注释<br>　　　　　　　　　　　　　　%Q0.0 "电动机1"<br>%DB1.DBX0.0<br>——| |——————————————————————( ) |

（续）

| 序号 | 操作步骤 | 操作界面 |
|------|----------|----------|
| 11 | 编写 1212C 中的 OB1 程序：实现控制功能 | 程序段1：… 注释<br><br>%DB1.DBX2.0 ——\| \|——————————————( ) %Q0.1 "电动机2"<br><br>程序段2：… 注释<br><br>%I0.1 "服务机点动按钮" ——\| \|——————————————( ) %DB1.DBX0.0 |

读或写远程 PLC 的 DB1 中的第 0 地址的一个整型变量，语法如下：

P# DB1.DBX0.0 INT 1（访问 DB1 中从 0.0 开始的 1 个整数）

各部分的含义见表 7-3。

表 7-3　各部分的含义

| 结构 | P# | DB1. | DBX0.0 | INT | 1 |
|------|-----|------|--------|-----|---|
| 含义 | 指针 | 指向远程 PLC 的数据块 1 | 数据的首地址 | 数据类型 | 读写数据个数 |

# 第三节　S7-1200 PLC 开放式用户通信

**学习目标**：掌握 S7-1200 PLC 开放式用户通信的特点及功能，学会实现开放式用户通信操作的方法及步骤。

开放式用户通信（Open User Communication，OUC）是一种程序控制方式。这种通信只受用户程序的控制，可以建立和断开时间驱动的通信连接，在运行期间也可以修改连接，可与第三方设备或 PC 通信，也适合与 S7-300/400/1200/1500 PLC 之间的通信。S7-1200 CPU 支持TCP（遵循 RFC793）、ISO-on-TCP（遵循 RFC1006）和 UDP（遵循 RFC768）开放式用户通信。

TCP 通信是面向连接的通信，在数据交换之前，需要建立连接。S7-1200 PLC 使用TCON 指令建立连接，使用 TSEND 指令发送数据，使用 TRCV 指令接收数据，通信完成后，可以使用 TDISCON 指令断开连接。

【例 7-2】　S7-1200 与 S7-1200 之间可通过 TCP 协议来实现以太网通信。控制要求如下：建立 1214C DC/DC/DC 和 1212C DC/DC/DC 两台 PLC，实现 1214C 的 DB4 中的 1 个字节数据发送到 1212C 的 DB4 中，1212C 的 DB4 中的 1 个字节数据发送到 1214C 的 DB4 中。

通信操作步骤见表 7-4。

表 7-4　通信操作步骤

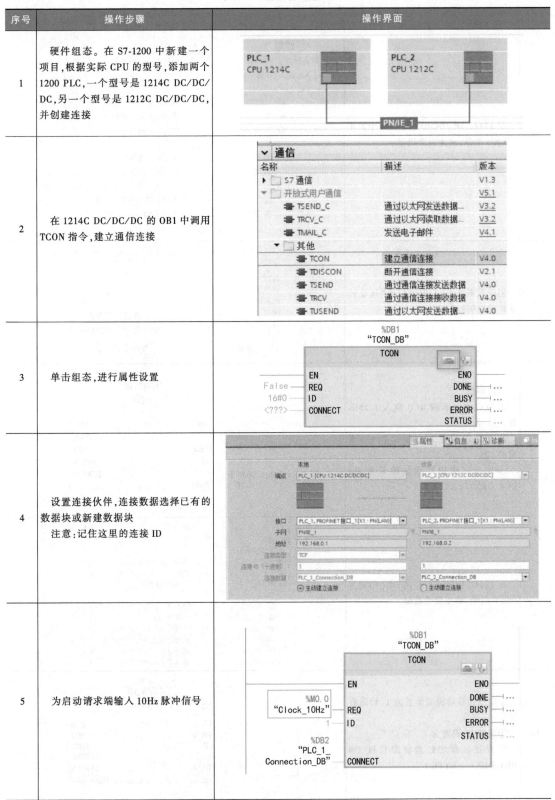

| 序号 | 操作步骤 | 操作界面 |
|------|----------|----------|
| 1 | 硬件组态。在 S7-1200 中新建一个项目,根据实际 CPU 的型号,添加两个 1200 PLC,一个型号是 1214C DC/DC/DC,另一个型号是 1212C DC/DC/DC,并创建连接 | |
| 2 | 在 1214C DC/DC/DC 的 OB1 中调用 TCON 指令,建立通信连接 | |
| 3 | 单击组态,进行属性设置 | |
| 4 | 设置连接伙伴,连接数据选择已有的数据块或新建数据块<br>注意:记住这里的连接 ID | |
| 5 | 为启动请求端输入 10Hz 脉冲信号 | |

（续）

| 序号 | 操作步骤 | 操作界面 |
|---|---|---|
| 6 | 在 1214C DC/DC/DC 的 OB1 中调用 TSEND 指令,建立发送数据 |  |
| 7 | 创建数据块 DB4,取消勾选"优化的块访问"的选项 | |
| 8 | 分配参数<br>①为启动请求端 REQ 输入 1.25Hz 脉冲信号<br>②连接 ID 设置为 1(前面第 4 步确定的 ID)<br>③发送区指定好地址跟长度 P# DB4.DBX0.0 BYTE 1 | |
| 9 | 在 1214C DC/DC/DC 的 OB1 中调用 TRCV 指令,建立接收数据 | |
| 10 | ①启用接收功能端设置为 1,始终启用(一直接收)<br>②连接 ID 设置为 1<br>③发送区指定好地址跟长度 P# DB4.DBX1.0 BYTE 1 | |

（续）

| 序号 | 操作步骤 | 操作界面 |
|------|----------|----------|
| 11 | 1212C DC/DC/DC 的设置步骤与1214C DC/DC/DC 相同 | 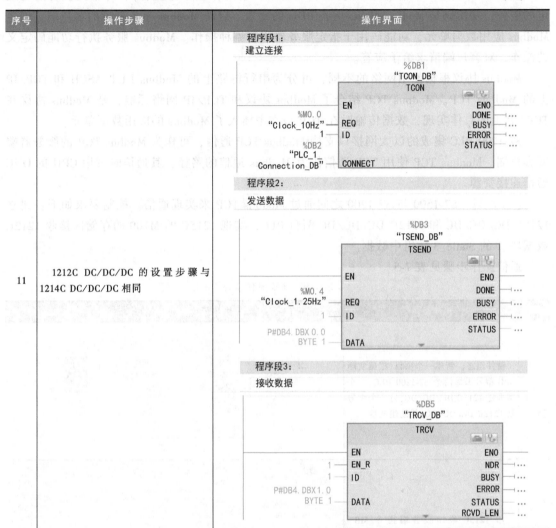 |

# 第四节　S7-1200 PLC 的 Modbus TCP 通信

**学习目标**：掌握 S7-1200 PLC 的 Modbus TCP 通信的特点及功能，学会实现 Modbus TCP 通信操作的方法及步骤。

Modbus 协议是一种广泛应用于工业通信领域的简单、经济和公开透明的通信协议。Modbus 是一项应用层报文传输协议，可为不同类型总线或网络连接设备之间提供客户端/服务通信。Modbus 协议定义了一个与基础通信层无关的简单协议数据单元（PDU），特定总线或网络上的 Modbus 协议引入了附加地址域映射成应用数据单元（ADU）。

Modbus 协议是一个请求/应答协议（由客户机请求，服务器应答），并且提供功能码规定的服务，功能码是 Modbus 请求/应答 PDU 的元素。启动 Modbus 事务处理的客户端，创建 Modbus 应用数据单元，功能码用于指定服务器执行哪种操作。Modbus 服务执行功能码定义的操作，对客户端请求给予应答。

Modbus 协议根据使用网络的不同，可分为串行链路上的 Modbus RUT/ASCII 和 TCP/IP 上的 Modbus TCP。Modbus TCP 结合了 Modbus 协议和 TCP/IP 网络标准，是 Modbus 协议在 TCP/IP 上的具体实现，数据传输时在 TCP 报文中插入了 Modbus 的应用数据单元。

S7-1200 PLC 集成的以太网接口支持 Modbus TCP 通信，可作为 Modbus TCP 的服务器端或客户端。Modbus TCP 使用 TCP 通信作为 Modbus 通信的路径，其通信时占用 CPU 的 OUC 通信连接资源。

【例 7-3】 S7-1500 与 S7-1200 之间通过 Modbus TCP 来实现通信。控制要求如下：建立 1215C DC/DC/DC 和 1212C DC/DC/DC 两台 PLC，实现 1215C 的 M100 的存储区接收 1212C 数据块_1 的 Static_3 数组中数据。

通信操作步骤见表 7-5。

表 7-5　通信操作步骤

| 序号 | 操作步骤 | 操作界面 |
|---|---|---|
| 1 | 硬件组态。新建一个项目,根据实际 CPU 型号添加两个 S7-1200 PLC,一个型号是 1215C DC/DC/DC,另一个型号是 1212C DC/DC/DC,并创建连接 | |
| 2 | 给 1215C 添加服务端指令 MB_SERVER | |
| 3 | ①DISCONNECT 为 false,表示无通信连接时建立被动连接<br>②MB_HOLD_REG 设置存储区为 M100 中连续的 5 个字,建立通信设置数据块<br>③ CONNECT 设置建立 " MyMod-busTCP ". Connect 数据块,参考第 4 步 | |

（续）

| 序号 | 操作步骤 | 操作界面 |
|---|---|---|
| 4 | 添加数据块"MyModbusTCP".Connect<br>①TCON_IP_v4需手动输入（自行输入，默认类型下拉菜单中选不出）<br>②InterfaceId硬件接口地址为64（在设备的硬件标识符中找到，一般默认为64，参考第5步）<br>③ID设置为10（在前面属性中自行设置）<br>④ActiveEstablished设置为false<br>⑤RemoteAddress不需要填写<br>⑥端口地址LocalPort为502 | <table><tr><td>名称</td><td>数据类型</td><td>起始值</td></tr><tr><td>▼ Static</td><td></td><td></td></tr><tr><td>▼ Connect</td><td>TCON_IP_v4</td><td></td></tr><tr><td>InterfaceId</td><td>HW_ANY</td><td>64</td></tr><tr><td>ID</td><td>CONN_OUC</td><td>16#10</td></tr><tr><td>ConnectionType</td><td>Byte</td><td>16#0B</td></tr><tr><td>ActiveEstablished</td><td>Bool</td><td>false</td></tr><tr><td>▶ RemoteAddress</td><td>IP_V4</td><td></td></tr><tr><td>RemotePort</td><td>UInt</td><td>0</td></tr><tr><td>LocalPort</td><td>UInt</td><td>502</td></tr></table> |
| 5 | InterfaceId硬件接口地址查询 | 常规 \| IO变量 \| 系统常数 \| 文本<br>项目信息<br>目录信息<br>标识与维护<br>校验和<br>▼ PROFINET接口[X1]<br>常规<br>以太网地址<br>时间同步<br>操作模式<br>▶ 高级选项<br>Web服务器访问<br>硬件标识符<br><br>硬件标识符<br>硬件标识符 64 |
| 6 | RemoteAddress无需设置 | <table><tr><td>▼ RemoteAddress</td><td>IP_V4</td><td></td></tr><tr><td>▼ ADDR</td><td>Array[1..4] of Byte</td><td></td></tr><tr><td>ADDR[1]</td><td>Byte</td><td>16#0</td></tr><tr><td>ADDR[2]</td><td>Byte</td><td>16#0</td></tr><tr><td>ADDR[3]</td><td>Byte</td><td>16#0</td></tr><tr><td>ADDR[4]</td><td>Byte</td><td>16#0</td></tr></table> |
| 7 | 为1212C添加客户端指令MB_CLIENT<br>①REQ利用1.25Hz上升沿有效发送通信请求<br>②DISCONNECT设置为0，建立通信连接<br>③MB_MODE设置为1，为写入功能<br>④MB_DATA_ADDR地址设置为40001，表示写入保持性寄存器（服务器M100中）<br>⑤MB_DATA_LEN数据长度为5个字<br>⑥MB_DATA_PTR把"数据块_1".Static_3数组的数据写到M100中<br>⑦CONNECT通信设置 | %DB6<br>"MB_CLIENT_DB"<br>MB_CLIENT<br>EN — ENO<br>%M0.4 "Clock_1.25Hz" — REQ — DONE — %M10.0 "Tag_1"<br>0 — DISCONNECT — BUSY — %M10.1 "Tag_2"<br>1 — MB_MODE — ERROR — %M10.2 "Tag_3"<br>40001 — MB_DATA_ADDR<br>5 — MB_DATA_LEN — STATUS — %MW12 "Tag_4"<br>P#DB1.DBX18.0 "数据块_1".Static_3 — MB_DATA_PTR<br>"MyModbusTCP".Connect — CONNECT |

（续）

| 序号 | 操作步骤 | 操作界面 |
|---|---|---|
| 8 | 添加数据块<br>①InterfaceId 硬件接口地址为 64<br>②ID 设置为 10<br>③ActiveEstablished 设置为 1<br>④RemoteAddress 设置服务器的 IP<br>⑤RemotePort 设置为 502 | 见下表 |

| 名称 | 数据类型 | 起始值 |
|---|---|---|
| ▼ Static | | |
| ▼ Connect | TCON_IP_v4 | |
|   InterfaceId | HW_ANY | 64 |
|   ID | CONN_OUC | 16#10 |
|   ConnectionType | Byte | 16#0B |
|   ActiveEstablished | Bool | 1 |
|   ▼ RemoteAddress | IP_V4 | |
|     ▼ ADDR | Array[1..4] of Byte | |
|       ADDR[1] | Byte | 192 |
|       ADDR[2] | Byte | 168 |
|       ADDR[3] | Byte | 0 |
|       ADDR[4] | Byte | 1 |
|   RemotePort | UInt | 502 |
|   LocalPort | UInt | 0 |

# 第五节　PROFINET IO 通信

**学习目标：**掌握 PROFINET IO 通信的特点及功能，学会实现 PROFINET IO 通信操作的方法及步骤。

PROFINET IO 通信是 PROFIBUS/PROFINET 国际组织基于以太网自动化技术标准定义的一种跨供应商的通信。PROFINET IO 通信主要用于模块化、分布式控制，S7-1200 PLC 可以使用 PROFINET IO 通信连接现场分布式站点（如 ET200SP、EP200MP 和 EP200S 等）。S7-1200 PLC 固件 4.0 或更高版本除了可作为 FROFINET IO 控制器以外，还可以作为 PROFINET IO 智能设备（I-Device）。S7-1200 PLC 固件版本从 V4.0 开始，支持共享设备（Shared-Device）功能，最多可支持 2 个 FROFINET IO 控制器的连接。

S7-1200 PLC 做 IO 控制器和 IO 智能设备网络组态如图 7-7 所示。

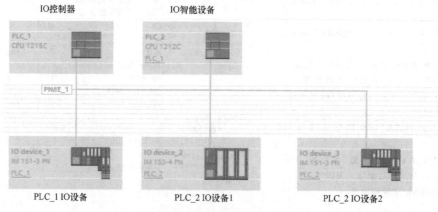

图 7-7　IO 控制器和 IO 智能设备网络组态

【例7-4】 S7-1500、S7-1200 与分布式 IO 通过 PROFINET 来实现通信。控制要求如下：建立 1215C DC/DC/DC、1212C DC/DC/DC 两台 PLC，同时添加 ET200S 型的 IM 151-3 PN，建立网络链接，实现 1215C 与 ET200S 型的 IM 151-3 PN 进行控制。

通信操作步骤见表7-6。

表 7-6　通信操作步骤

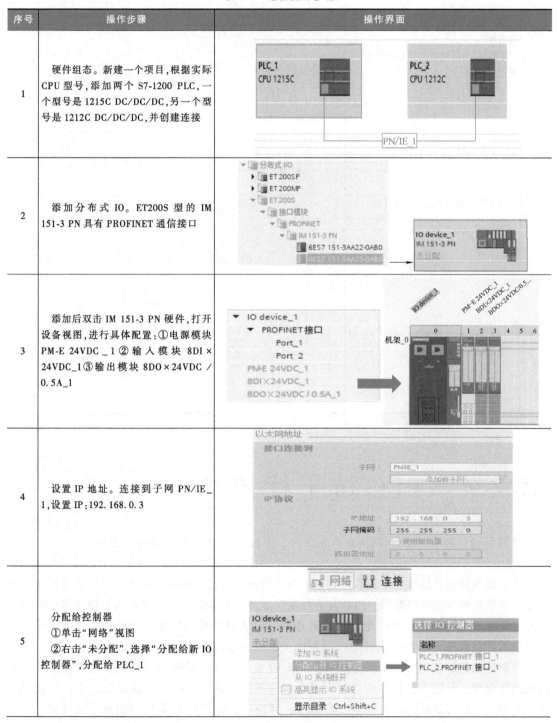

| 序号 | 操作步骤 | 操作界面 |
|---|---|---|
| 1 | 硬件组态。新建一个项目，根据实际 CPU 型号，添加两个 S7-1200 PLC，一个型号是 1215C DC/DC/DC，另一个型号是 1212C DC/DC/DC，并创建连接 | |
| 2 | 添加分布式 IO。ET200S 型的 IM 151-3 PN 具有 PROFINET 通信接口 | |
| 3 | 添加后双击 IM 151-3 PN 硬件，打开设备视图，进行具体配置：①电源模块 PM-E 24VDC _ 1 ②输入模块 8DI×24VDC_1③输出模块 8DO×24VDC / 0.5A_1 | |
| 4 | 设置 IP 地址。连接到子网 PN/IE _ 1，设置 IP：192.168.0.3 | |
| 5 | 分配给控制器 ①单击"网络"视图 ②右击"未分配"，选择"分配给新 IO 控制器"，分配给 PLC_1 | |

(续)

| 序号 | 操作步骤 | 操作界面 |
|------|---------|---------|
| 6 | 分配设备名称<br>①单击网络接口,右击选择"分配设备名称"<br>②选择"更新列表",找到该设备,选择"分配名称" | |
| 7 | IO 模块的输入地址从 3.0 开始 | |
| 8 | 在 1215C 中编写程序:按下 IB3,对应的 QB3 有输出 | |

# 第六节  PLC 抗干扰技术

**学习目标**:熟悉 PLC 干扰源的产生原因,掌握 PLC 抗干扰的措施与方法。

PLC 电气控制系统综合了计算机控制、自动控制、测量检测和计算机网络通信等技术,是工业自动控制典型的应用类型。PLC 具有控制功能强,可靠性高,使用灵活方便,易于扩展等优点。随着 PLC 应用的日渐广泛,对 PLC 电气控制系统的可靠性要求逐渐提高,因而抗干扰问题显得日益重要。在 PLC 设计生产过程中,其内部硬件采用了大规模集成电路技术,严格的生产制造工艺以及先进的抗干扰技术使 PLC 设置本体具有很高的可靠性,对工业环境具有较强的适应性;但仍然还有许多外部因素会对它产生干扰,造成程序或运算错误,导致 PLC 的控制错误,从而造成设备的失控或误动作。因此,要提高 PLC 电气控制系统的可靠性,一方面要求 PLC 生产厂家提高设备的抗干扰能力；另一方面要在工程设计、安装施工和使用维护中高度重视，多方配合才能解决问题，有效地增强 PLC 电气控制系统的抗干扰能力。

# 一、PLC 电气控制系统干扰源产生的途径

为了确保 PLC 电气控制系统运行的可靠性，应当尽量使 PLC 有良好的工作环境，并采取必要的抗干扰措施。影响 PLC 电气控制系统的干扰源与一般影响工业控制设备的干扰源一样，多产生在电流或电压剧烈变化的部位，这些部位就是噪声源，即干扰源。干扰源产生的途径主要来自以下 3 个方面。

1. 空间的辐射干扰

空间的辐射电磁场主要是由电力网络、电气设备的暂态过程、雷电和无线电广播等产生的，称为辐射干扰。辐射干扰的影响主要通过两条路径：一是直接对 PLC 内部辐射，由电路感应产生干扰；二是对 PLC 通信网络的辐射，由通信线路的感应引入干扰。辐射干扰与现场设备布置及设备所产生的电磁场大小有关，一般通过设置屏蔽电缆和 PLC 局部屏蔽等措施进行保护。

2. 系统外引线的干扰

系统外引线的干扰主要通过电源和信号线引入，通常称为传导干扰。这种干扰在 PLC 工业控制的现场较严重。外引线干扰分以下 3 种类型。

（1）来自电源的干扰　PLC 电气控制系统一般由电网供电。由于电网覆盖范围广，它将受到所有空间电磁干扰而在线路上产生感应电压和电流。尤其是电网内部的变化，开关操作浪涌、大功率电气设备起停、交直流传动装置引起的谐波以及电网短路暂态冲击等，这些干扰信号会通过输电线路传到电源，干扰系统的正常运行。

（2）来自信号线引入的干扰　与 PLC 电气控制系统连接的各类信号传输线除了传输有效的各类信息外，还会有外部干扰信号侵入，此类干扰主要有两种途径：一是通过共用信号仪表的供电电源串入的电网干扰，二是信号线受空间电磁辐射感应的干扰，即信号线上的外部感应干扰。干扰信号会引起 PLC 的 I/O 信号异常，影响测量精度，严重时将引起元器件损伤。对于隔离性能差的系统，还将导致信号间互相干扰，引起共地系统总线回流，造成逻辑数据变化、误动等故障。

（3）接地系统混乱产生的干扰　接地是提高电子设备电磁兼容性（EMC）的有效手段之一。正确的接地既能抑制电磁干扰的影响，又能抑制设备向外发出干扰；而错误的接地会引入严重的干扰信号，使 PLC 电气控制系统无法正常工作。PLC 电气控制系统的地线包括系统地、屏蔽地、交流地和保护地等。接地系统混乱对 PLC 电气控制系统的干扰主要是各个接地点电位分布不均，不同接地点间存在地电位差，引起地环路电流，产生接地干扰，影响系统的正常运行。例如，电缆屏蔽层必须采用一点接地，如果电缆屏蔽层两端都接地，就存在地电位差，有电流流过屏蔽层，此外屏蔽层、接地线和大地有可能构成闭合环路，在变化磁场的作用下，屏蔽层内会出现感应电流，通过屏蔽层与芯线之间的耦合，产生干扰信号。

3. PLC 电气控制系统内部的干扰

PLC 电气控制系统内部的干扰主要由系统内部元器件及电路间的相互电磁辐射产生，如数字电路相互辐射、模拟地与数字地的相互影响以及元器件间的相互不匹配使用等。内部干扰主要依靠 PLC 制造厂家通过在系统内部设计电磁兼容、隔离等方法进行排除，技术比

较复杂。

## 二、PLC 抗干扰措施

PLC 电气控制系统运行的现场存在着各种各样的干扰，如大电流浪涌、强磁场干扰、高电压浪涌和高频率脉冲串干扰等，使 PLC 在现场的长期运行受到影响。因此必须采取相应的抗干扰措施，降低或消除这些干扰产生的不良影响。PLC 抗干扰措施主要有以下 4 个方面：

1）采用性能优良的电源，抑制电网引入的干扰。PLC 的供电电源应采用非动力线路供电，直接从低压配电室的母线上接入专用线供电。选用隔离变压器，PLC 和 I/O 系统分别由各自的隔离变压器供电，并与主电路电源分开。增加低通滤波器，滤去交流电源中的高频分量或脉冲电流。对于直流供电，可用电容滤波，消除干扰信号对 PLC 电气控制系统的影响。

此外，为保证电网馈电不中断，可采用不间断电源（UPS）供电。UPS 具备过电压、欠电压保护以及与电网隔离等功能，可大大提高供电的安全可靠性。

2）正确选择电缆的敷设方式，消除 PLC 电气控制系统的空间辐射干扰。不同类型的信号分别由不同电缆传输，并采用隔离技术，电缆按传输信号类型分层敷设。避免信号线与动力电缆靠近平行敷设，增大电缆之间的夹角，以减少电磁干扰。

为了减少动力电缆尤其是变频装置馈电电缆的辐射电磁干扰，应采用屏蔽电力电缆措施，从干扰途径上阻隔干扰的侵入。

3）良好的接地。良好的接地不仅可以避免电网冲击电压的危害，还可以抑制干扰。完善的接地系统是 PLC 抗电磁干扰的重要措施之一，PLC 应采用直接接地方式，并采用专用地线，接地点应尽可能靠近 PLC。集中布置的 PLC 适合采用并联接地方式，各接地点以单独的接地线引向接地极。分散布置的 PLC，采用串联接地方式。接地极的接地电阻小于 2Ω，接地极最好埋在距建筑物 10~15m 远处，而且 PLC 接地点必须与强电设备接地点相距 10m 以上。如果要用扩展单元，其接地点应与主单元的接地点接在一起。

4）配合软件抗干扰技术。由于电磁干扰的复杂性，仅采取硬件抗干扰措施是不够的，要用 PLC 的软件抗干扰技术加以配合，进一步提高系统的可靠性。采用具有数字滤波、工频整形采样和定时校正参考点电位等功能的软件可有效消除周期性干扰，防止电位漂移。采用信息冗余技术，设计相应的软件标志位，采用间接跳转以及设置软件保护等技术手段亦可提高系统运行的可靠性。

# 第七节　PLC 电气控制系统的运行维护与检修

**学习目标：** 熟悉 PLC 电气控制系统现场运行维护的工作内容，熟悉 PLC 检修的工作流程。

PLC 广泛应用于工业自动化控制的现场，但它对使用场合、环境温度等有一定要求。

良好的工作环境可以有效地提高 PLC 的可靠性、稳定性以及使用寿命。

# 一、PLC 对运行环境的要求

### 1. 安装环境

为保证 PLC 工作的可靠性，尽可能地延长其使用寿命，在 PLC 安装时一定要注意周围的环境，其安装场合应该满足以下要求：

1）环境温度在 0～55℃ 范围内。

2）环境相对湿度应在 35%～85%RH 范围内，不结霜、无冰冻。

3）周围无易燃和腐蚀性气体。

4）周围无过量的灰尘和金属微粒。

5）避免过度的振动和冲击。

6）不能受太阳光的直接照射或水的溅射。

### 2. PLC 安装注意事项

1）PLC 的所有单元模块必须在断电时安装和拆卸。

2）为防止静电对 PLC 组件的影响，在接触 PLC 前，先用手接触某一接地的金属物体，以释放人体所带的静电。

3）注意 PLC 机体周围的通风和散热条件。为了便于通风与拆装，PLC 周围应留出 80mm 的空间。切勿使导线头、铁屑等杂物通过通风窗落入机体内。

4）PLC 安装位置应远离强电磁场，远离大型电机、电焊机及电力变压器等设备。

# 二、PLC 电气控制系统的运行维护

### 1. 维护检查

PLC 电气控制系统的稳定性、可靠性和适应性都比较强。但由于 PLC 内部主要是由半导体器件构成的，随着使用时间的增长，元器件总会老化，因此应制定检修工作制度。定期检修并做好日常维护才能保障设备正常运行。PLC 电气控制系统的检修时间一般以每 6 个月～1 年检修一次为宜。当外部环境条件较差时，可以根据情况把检修间隔缩短。在日常检查、记录的基础上，每隔半年（可根据实际情况适当提前或推迟）应对 PLC 做一次全面的停机检查。PLC 检修内容见表 7-7。

表 7-7　PLC 检修内容

| 序号 | 项目 | 检修内容 | 判断标准 |
|---|---|---|---|
| 1 | 供电电源 | 在电源端子处测量电压的波动范围是否在标准范围内 | 波动范围：85%～110%供电电压 |
| 2 | 外部环境 | 环境温度 | 0～55℃ |
| | | 环境湿度 | 35%～85%RH，不结霜、无冰冻 |
| | | 积尘情况 | 不积尘 |
| 3 | 输入、输出电源 | 在输入、输出电源端子处测量电压变化是否在标准范围内 | 以各输入、输出规格为准 |

（续）

| 序号 | 项目 | 检修内容 | 判断标准 |
|---|---|---|---|
| 4 | 安装状态 | 各单元是否可靠固定 | 无松动 |
| | | 电缆的连接器是否完全插紧 | 无松动 |
| | | 外部配线的螺钉是否松动 | 无异常 |
| 5 | 元器件寿命 | 检查电池、继电器和存储器 | 以各元器件规格为准 |

PLC 的日常维护检修内容说明如下：

1）供电电源：检查电压大小、电压波动是否在允许的范围内。

2）工作环境：检查温度、湿度、振动、粉尘和干扰等情况，检测环境是否符合标准工作环境的要求。

3）输入、输出电源：检查 PLC 电气控制系统的输入、输出端子电压变化是否在标准范围内。

4）安装状态：检查 PLC 外部接线是否安全、可靠；螺钉、连线和插头是否松动；电气、机械部件是否锈蚀和损坏等。

5）使用寿命：检查导线及元器件是否老化，锂电池寿命是否到期，继电器输出型触点开合次数是否已经超过规定次数，金属部件是否锈蚀等。

**2. PLC 故障检查流程图**

PLC 是可靠性、稳定性极高的控制器，一般情况下，只要按照其技术规范安装和使用，设备出现故障的概率极低。但是一旦出现了故障，一定要按检查步骤进行检查、处理，特别是由于外部设备故障造成的损坏，一定要查清故障原因，并将故障排除。

PLC 运行维护
工作流程

（1）总体检查 根据总体检查流程图找出故障点，逐渐细化，排查故障，如图 7-8 所示。观察 PLC 电源灯、运行指示灯、输入和输出信号灯和外部环境等情况，逐项排查，判断设备是否正常。如果其中某一不正常情况发生，则进入该设备详细检查流程。其中，外部环境检查主要有温度、湿度、噪声、粉尘以及腐蚀性酸碱等。

（2）电源故障检查 当检查出电源灯不亮时，需进入电源故障检查流程，检查流程图如图 7-9 所示。应依据流程逐一排查，排除故障。

（3）输入、输出电路故障检查 输入、输出电路是 PLC 与外部设备进行信息传输的通道，包括输入和输出单元、接线端子和熔断器等。输入、输出电路故障检查流程图如图 7-10、图 7-11 所示。

（4）运行故障检查 若供电电源正常，而 PLC 运行指示灯不亮，说明系统已因某种异常而终止了正常运行，检查流程图如图 7-12 所示。

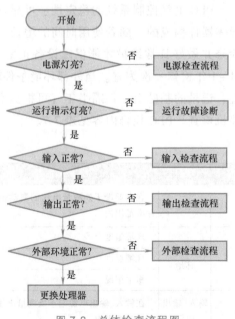

图 7-8 总体检查流程图

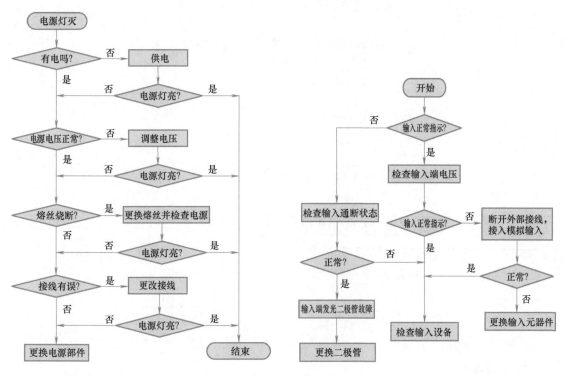

图 7-9 电源故障检查

图 7-10 输入电路故障检查

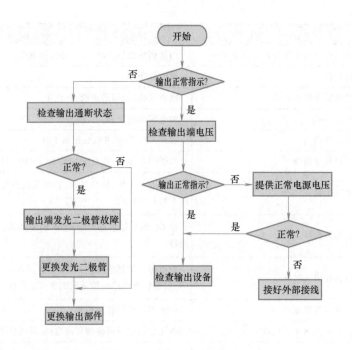

图 7-11 输出电路故障检查

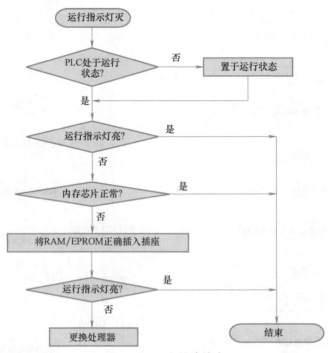

图 7-12　运行故障检查

### 3. 故障排除

对于 PLC 不同的故障类型，具体的处理方法见表 7-8。

表 7-8　PLC 故障处理方法

| 问题 | 故障原因 | 解决方法 |
|---|---|---|
| 输出不工作 | 输出的电气浪涌使被控设备损坏 | 当接到感性负载时，需要接入抑制电路 |
| | 程序错误 | 修改程序 |
| | 接线松动或不正确 | 检查接线，如果不正确，要改正 |
| | 输出过载 | 检查输出的负载 |
| | 输出被强制 | 检查 CPU 是否有被强制的 I/O |
| 系统故障灯亮 | 用户程序错误 | 对于编程错误，检查 FOR、NEXT、JMP、比较指令的用法 |
| | 电气干扰 | 对于电气干扰，检查接线，控制盘应良好接地，高电压与低电压不要并行引线 |
| | 元器件损坏 | 把 DC 24V 传感器电源的 M 端子接地，查出原因后，更换元器件 |
| 电源损坏 | 电源线引入过电压 | 把电源分析器连接到系统，检查过电压尖峰的幅值和持续时间，根据检查的结果给系统配置抑制设备 |
| 电子干扰 | 不合适的接地 | 纠正不正确的接地系统 |
| | 在控制柜内交叉配线 | 纠正控制盘不良接地和高电压、低电压不合理的布线 |
| | 对快速信号配置输入滤波器 | 把 DC 24V 传感器电源的 M 端子接地，增加系统数据存储器中的输入滤波器的延迟时间 |

（续）

| 问题 | 故障原因 | 解决方法 |
|------|---------|---------|
| 当连接一个外部设备时,通信网络损坏 | 如果所有的非隔离设备(如 PLC、计算机或其他设备)连到一个网络,而该网络没有一个共同的参考点,通信电缆提供了一个不期望的电流,它可以造成通信错误或损坏电路 | 检查通信网络<br>更换隔离型 PC/PPE 电缆<br>当连接没有共同电气参考点的机器时,使用隔离型 RS-485 或 RS-485 中继器 |

## 春风细语

电气控制系统运行的可靠性主要源于两个方面:一是排除外界的干扰,二是提高自身抗干扰的能力。

长期以来,我国被世界认为是一个"贫油"的国家。当我国开始执行第一个五年计划的时候,李四光在仔细分析了我国地质条件后,深信在我国辽阔的领域内,天然石油资源的蕴藏量应是相当丰富的,关键是要抓紧做好石油地质勘探工作。他提出应在全国范围内开展石油地质普查工作,并通过研究指出了三个远景最大的可能含油区:青、康、滇地带,阿拉善-陕北盆地,东北平原-华北平原,提出应该首先把华北平原、东北平原、柴达木盆地和四川盆地等地区作为石油地质普查的对象。在东北平原、华北平原先后取得突破之后,他更加坚定了中国具有丰富石油资源的信心,为中国寻找石油建立不可磨灭的功勋,力排干扰,靠自信和自强粉碎了"中国贫油论"。

综上可见,提升抗干扰能力是非常必要的,它能督促我们进行理性研判,帮我们更加明确目标,增强自信心,少走弯路,确保双脚始终坚定地踏在正确的人生道路上。

## 习题与思考

7-1 PLC 通信的类型有哪些?

7-2 S7-1200 PLC 支持哪些通信协议?

7-3 简述 S7 通信实现的方法与步骤。

7-4 S7-1200 PLC 开放式用户通信的特点是什么?

7-5 简述 S7-1200 PLC 的 Modbus TCP 通信的特点。

7-6 PLC 日常巡视应观察哪些部分?

7-7 PLC 电气控制系统维护检修任务有哪些内容?

7-8 PLC 电源故障检修应如何进行?

# 参 考 文 献

[1] 张硕. TIA 博途软件与 S7-1200/1500 PLC 应用详解 [M]. 北京：电子工业出版社，2017.

[2] 廖常初. S7-1200/1500 PLC 应用技术 [M]. 北京：机械工业出版社，2018.

[3] 芮庆忠，黄诚. 西门子 S7-1200 编程及应用 [M]. 北京：电子工业出版社，2020.

[4] 向晓汉，李润海. 西门子 S7-1200/1500 PLC 学习手册——基于 LAD 和 SCL 编程 [M]. 北京：化学工业出版社，2018.

[5] 段礼才. 西门子 S7-1200 PLC 编程及使用指南 [M]. 2 版. 北京：机械工业出版社，2020.

[6] 游辉胜. 西门子小型伺服驱动系统应用指南 [M]. 北京：机械工业出版社，2020.

[7] 李方园. 西门子 S7-1200 PLC 从入门到精通 [M]. 北京：电子工业出版社，2018.

[8] 吴耀春，王丙军，王效华. 电气控制与 PLC 应用 [M]. 西安：西北工业大学出版社，2017.

[9] 徐国林，刘晓磊. PLC 应用技术 [M]. 2 版. 北京：机械工业出版社，2021.

[10] 周奎，王玲. 变频器技术及应用 [M]. 北京：高等教育出版社，2018.